鄂尔多斯盆地
多层系油藏滚动勘探开发

张　彬　王彦龙　任　剑　张　刚　主编

石油工业出版社

内 容 提 要

本书以延长油田定边樊学油区亿吨级油藏十多年来的高效勘探开发为例，在深入分析鄂尔多斯盆地多层系复式油藏聚集规律的基础上，系统总结了该地区精细解剖油藏地质特征，立体式滚动勘探开发一体化快速建产的经验和方法。

本书适合从事石油勘探开发类技术人员、科研人员、管理人员以及相关专业高等院校师生参考。

图书在版编目（CIP）数据

鄂尔多斯盆地多层系油藏滚动勘探开发／张彬等主编．—北京：石油工业出版社，2021.9
ISBN 978-7-5183-4802-2

Ⅰ．①鄂… Ⅱ．①张… Ⅲ．①鄂尔多斯盆地–层状油气藏–油气勘探–研究 ②鄂尔多斯盆地–层状油气藏–油气开发–研究 Ⅳ．①P618.130.8

中国版本图书馆 CIP 数据核字（2021）第 160908 号

出版发行：石油工业出版社
（北京安定门外安华里 2 区 1 号 100011）
网　　址：www.petropub.com
编辑部：（010）64249707
图书营销中心：（010）64523633
经　　销：全国新华书店
印　　刷：北京中石油彩色印刷有限责任公司

2021 年 9 月第 1 版　2021 年 9 月第 1 次印刷
787×1092 毫米　开本：1/16　印张：13.5
字数：320 千字

定价：110.00 元

《鄂尔多斯盆地多层系油藏滚动勘探开发》
编　委　会

前　言

鄂尔多斯盆地中西部地区如陕北的定边县、吴起县、志丹县，甘肃西峰地区等多个层系含油，含油层系从上三叠统延长组下组合的长9、长8、长7，到中组合的长6、长4+5，到上组合的长2，以及上部层系中侏罗统延安组延10、延9、延6等。如何对多层系复式油藏进行立体式科学高效一体化勘探开发，是石油工业界面临的一项极具挑战性的课题。

樊学油区位于鄂尔多斯盆地西部地区的定边县南部，是延长油田近些年的主力开发上产区。近年来该油区石油勘探成果喜人，从2005年早期以延9、长4+5油层组为主力产层，到2006年实现了油气勘探开发跨越式发展，浅层延6、延9找到了两个高产层位，同时深层长8取得了重大突破。随后几年以延9、长4+5、长8为主力开发层系，兼顾长6、长2、延6立体式滚动勘探开发一体化快速建产；到2020年深层长7致密油页岩油又取得了重大突破。目前樊学油区已钻成各类井6042口，控制面积500余平方千米，已确定是石油地质储量超亿吨级的大型油田。

樊学油区油田地质条件复杂，含油层位多，纵横向非均质性很强，近十年来，我们在深入分析鄂尔多斯盆地多层系复式油藏聚集规律的基础上，精细解剖樊学油区油藏地质特征，立体式滚动勘探开发一体化快速建产，加强数字油田与精细化管理，对侏罗系低渗透镜状岩性—构造油藏、三叠系特低渗岩性油藏进行了多批次科学开发先导性试验，总结出一套高效开发工程工艺配套技术。因此就樊学油区多层系复式油藏聚集规律、油藏地质特征、立体式滚动勘探开发一体化快速建产经验、数字油田与精细化管理方法、油田开发先导性试验成果、高效开发工程工艺配套技术进行总结，具有重要的实践价值及科学意义。

本书是对延长油田定边樊学亿吨级油藏十多年来高效勘探开发技术的总结，希望对鄂尔多斯盆地其他多层系复式油藏油区或者类似盆地多层系复式油藏的勘探开发有所借鉴。

受知识水平所限，书中疏漏和错误在所难免，恳请各位专家、同行和广大读者不吝指正。

目　　录

第一章 延长油田樊学油区概况

延长油田樊学油区构造位置处于鄂尔多斯盆地伊陕斜坡中西部，行政区位于陕西省定边县南部樊学乡，油田中心距离樊学镇约 4.5km。樊学油区北、西、南分别与定边县王盘山乡、姬塬镇、张崾崄乡相邻。油区东西宽约 16km，南北距离约 20km，工区面积 700 余平方千米，油区西侧为堡子湾、姬塬油田，东北方向为铁边城油田，东侧与吴旗油田相接。地表属典型的黄土塬峁地形，地形起伏不平，沟壑纵横，地面海拔 1350～1850m，相对高差较大。区内交通较为便利，砂石公路横贯工区南北。

经过近几年的勘探开发，樊学油区已形成纵向上多油层叠加，横向上复合连片，局部油层"小而肥"的整装油田，相继发现了侏罗系直罗组直 3、延安组延 4+5、延 6、延 8、延 9、延 10、上三叠统延长组长 1、长 2、长 4+5、长 6、长 7、长 8 等众多出油层位，目前已完成各类钻井 6042 口，年产能 130×10⁴t，控制面积近 500km²，已形成超亿吨级储量规模油田。

第一节 区域构造概况

鄂尔多斯盆地位于华北地块西部，是广义的中朝板块的一部分，同时也是发育在华北克拉通之上的一个多旋回叠合型盆地，是我国形成历史最早、演化时间最长的沉积盆地，同时也是我国陆上第二大沉积盆地和重要的能源基地（孙肇才，1980；孙国凡，1981，1986；赵重远，1990；郭忠铭等，1994；田在艺等，1996；杨俊杰，2002；张福礼，2002；刘化清等，2007）。鄂尔多斯盆地具有稳定的结晶基底，使其在后期的构造演化活动中相比其他地区更加稳定（汤锡元等，1988；赵红格，2003；刘池阳等，2005，2006）。研究区的地质构造在三叠纪延长期形成，印支运动期形成现今构造（刘和甫等，2000）；研究区所在区域在印支期之前，构造格局因为受到特提斯构造的影响造成了盆地的沉积基底处于自西向东倾斜的状态（任纪舜，2000；杨俊杰，2002）；而在印支运动发生之后受到推挤作用使其盆地的东部缓缓隆起抬升并遭受剥蚀和变形（赵红格等，2006；王建强，2010）；在燕山时期受到近南北向的左旋挤压作用（刘和甫等，2000；叶庆伟，2012；高小燕，2014），使得盆地东部具有显著的抬升，许多地方都形成了东高西低的构造面貌（赵振宇等，2012）；目前盆地的构造格局是在喜马拉雅构造运动期受到西南缘的挤压作用的影响，使得盆地继续隆起抬升，直至盆地发育结束（赵振宇等，2012；魏安妮，2017；郭玉清，2003；叶庆伟，2012；张斌，2014）。不同地质时期发生的不同构造运动对盆地发育的影响不同。一般构造运动对盆地内部影响较小，地层变化不大，主要是盆地的边缘会有断裂褶皱发育（Zhang et al.，2007；张斌，2014）。中生界延长组在相对来说较稳定的地质背景下形成并发育完整的一套沉积后，早中侏罗世时期在上部又发育内陆坳陷碎屑沉积，后期在晚侏罗世到早白至世时期发生形成了碎屑沉积（林利飞，2013；张斌，2014；Ding et al.，2015）。延长组在晚侏罗世到早白至世时期埋藏于最深阶段，油气大量生成、运移和聚集也是发生在这一时期（Yong et al.，2017）。

现今的鄂尔多斯盆地构造形态总体显示为一东翼宽缓，西翼陡窄的不对称大向斜的南北向矩形盆地。盆地边缘断裂褶皱较发育，而盆地内部构造相对简单，地层平缓，一般倾角不足1°。盆地内无二级构造，三级构造以鼻状褶曲为主，很少见幅度较大，圈闭较好的背斜构造发育。根据现今的构造形态，结合盆地的演化历史，鄂尔多斯盆地可划分为六个一级构造单元，即北部伊盟隆起、西缘冲断带、西部天环坳陷、中部陕北斜坡、南部渭北隆起和东部晋西挠褶带（杨俊杰，2002）。

樊学油区位于鄂尔多斯盆地伊陕斜坡带的西部边缘（图1-1），伊陕斜坡主要形成于早白垩世，呈向西倾斜的平缓单斜，倾角仅为1°~0.5°，斜坡带上发育一系列由东向西倾没的低幅度鼻状隆起构造（杨俊杰，2002；吴少波，2007），规模大小不一，隆起轴长2~10km，轴宽0.5~3.5km，两翼倾角0.2°~1.2°，隆起幅度2~10m（图1-2）。这些鼻状隆起与研究区三角洲砂体有机配置，往往利于油气的富集（王璟，2005；赵红格，2003；刘池阳等，2006；吴少波，2007）。

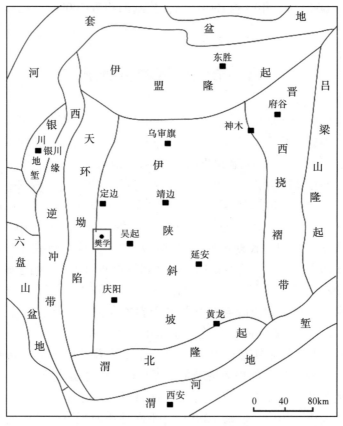

图1-1　樊学油区构造位置图

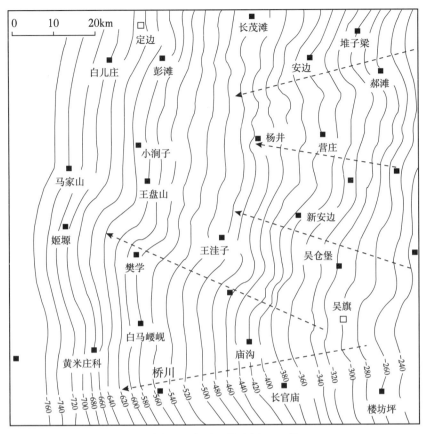

图 1-2　区域长 $4+5^2$ 顶面构造图（王璟，2005）

第二节　含油层系区域古地理背景

鄂尔多斯盆地含油层系位于中生界，主要层位为上三叠统延长组、中侏罗统延安组，下面对晚三叠世延长组及中侏罗世延安组古地理背景进行分析。

一、晚三叠世延长组古地理背景

晚三叠世延长期，由于印支运动的影响使得晚古生代—中三叠世的华北克拉通坳陷盆地逐渐向鄂尔多斯盆地转化（万天丰等，2002）。印支运动在鄂尔多斯盆地的地史发展中是一次重大变革，在沉积体系上实现了由海相、过渡相向陆相的转变，使盆地自晚三叠世以来发育完整和典型的陆相碎屑岩河流—三角洲—湖泊沉积体系（叶连俊，1983；梅志超等，1988；武富礼等，2004；李文厚等，2009；庞军刚等，2010）。盆地演化进入了大型内陆差异沉积盆地的形成和发展时期，结束并取代了晚古生代以来克拉通坳陷的发展历史。上三叠统延长组是在鄂尔多斯盆地坳陷持续发展和稳定沉降过程中堆积的以河流—湖泊相为特征的陆源碎屑岩系，它的发展和演化客观记录了这个大型淡水湖盆从发生、发展到消亡的历史。湖盆发育到延长组第三段（T_3y_3，即长 7 期）初期达到鼎盛，湖进范围可到达盆地北部横山—乌审旗一线。之后，随着河流的不断注入充填，湖盆走向萎缩，因此延长组沉积记录了湖盆演化的过程，其经历了长10初始形成，长9—长8的湖盆扩张，长7期的湖盆鼎盛，长6—长4+5期的萎缩及回返，长3-长1的萎缩及消亡过程（张抗，1989；陈全红等，2007；郭艳琴等，2019）。

晚三叠世是鄂尔多斯盆地油气形成的重要时期，沉积体系发育完整，地层出露良好，是观察、研究陆相沉积的典型地区。盆地上三叠统延长组主要为一套灰绿色、灰色中厚层—块状细砂岩、粉砂岩和深灰色、灰黑色泥岩组成的旋回性沉积。下部以河流相中—粗砂岩沉积为主，中部为一套湖泊—三角洲—河流相砂泥岩互层，上部为河流相砂泥岩沉积。在区域范围上，以北纬38°为界，北粗南细，北部厚100~600m之间，南部厚700~1000m之间。延长组与其上下相邻地层均为平行不整合接触，反映了它沉积时盆地基底稳定。上三叠统延长组第一段（T_3y_1）沉积之后，盆地地形出现明显分异，以志丹—甘泉—宜川沿线为枢纽，南部以明显的斜坡向盆地内部倾没，坡度为0.0012，北自马家滩、定边，南至旬邑、铜川，东起延安、黄陵，西达环县、镇原，面积约$4×10^4km^2$的范围为深湖盆地区，形成厚度达300~400m的深湖相沉积。枢纽线以北地区为一地势平坦的台地，地形梯度小于0.0003。晚三叠世的鄂尔多斯盆地呈现出东北高西南低的向西南方向倾没的畚箕状内陆坳陷盆地（图1-3）。

二、中侏罗世延安组古地理背景

三叠纪末，印支运动使鄂尔多斯盆地整体抬升，遭受长期风化剥蚀，形成了沟壑纵横、起伏不平的广泛而明显的侵蚀古地貌。下侏罗统在此基础上开始了新的沉积旋回，代表内陆坳陷盆地演化第二阶段沉积，为一套河流—湖泊三角洲沉积，厚300~400m。下侏罗统富县组和延安组延10段属于河道充填型沉积，延9段为广覆型补偿沉积，至延9段顶古地形被夷平，演化为沼泽化平原环境。延安组延10段、延9段的河道砂岩及三角洲前缘分流河道砂岩是主要的储集体，前侏罗系古地貌形态不同程度地控制着上覆富县组和延安组早期沉积。石油勘探实践表明，前侏罗纪古地貌形态与延安组油藏的形成关系密切（白卫卫，2007）。由于延9段至富县组的厚度与前侏罗系古地貌成镜像关系，利用其厚度可以近似反演前侏罗系古地貌形态，地层厚度由大到小反映了古地貌高低不平的起伏形态（郭正权等，2001；郭艳琴等，2019）。

延10段沉积明显受前侏罗纪古地貌形态控制，发育三条主河道，展布方向与河谷一致，吴旗—定边地区属河流沉积环境，沉积了一套充填型砂、泥岩互层，发育的沉积微相有主河道、支流河道、河漫滩、河漫沼泽（李文厚等，2009，2016；郭艳琴等，2019）（图1-4a；图1-5）。

延9段多为河道砂及煤层交互，属于广覆型补偿沉积。在延9段沉积时，气候变得温暖潮湿，雨量充沛，盆地已集水成湖，沉积环境已由延10段河流相演变成三角洲—湖泊环境（图1-4b；图1-6），沉积相主要有三角洲平原亚相、三角洲前缘亚相，湖岸线以北、以西为三角洲平原亚相分布区，沉积微相以分流河道和分流间洼地为主。湖岸线东、南属湖内沉积，为三角洲前缘沉积，发育的沉积微相主要有水下分流河道和分流间湾（李文厚等，2009，2016；郭艳琴等，2019）。

延8—延6期的特点是三角洲平原扩大，前缘逐渐缩小，并不断地向盆地中心推进，河

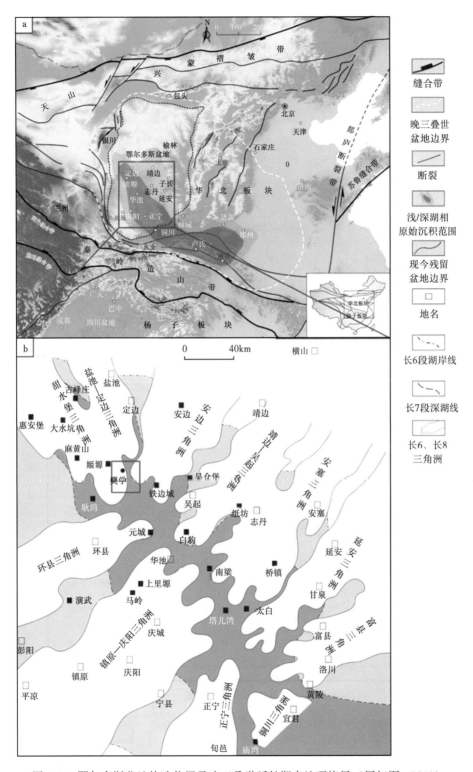

图1-3　鄂尔多斯盆地构造位置及晚三叠世延长期古地理格局（屈红军，2019）
a. 盆地构造位置；b. 延长期古地理格局

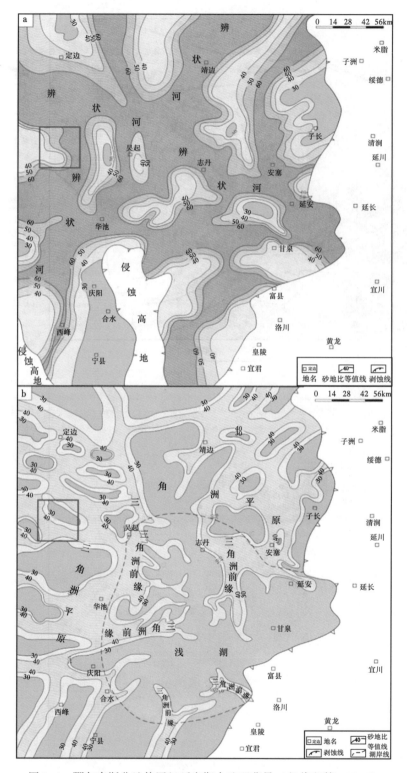

图1-4 鄂尔多斯盆地侏罗纪延安期古地理背景（赵俊兴等，2006）

a. 延10期；b. 延9期

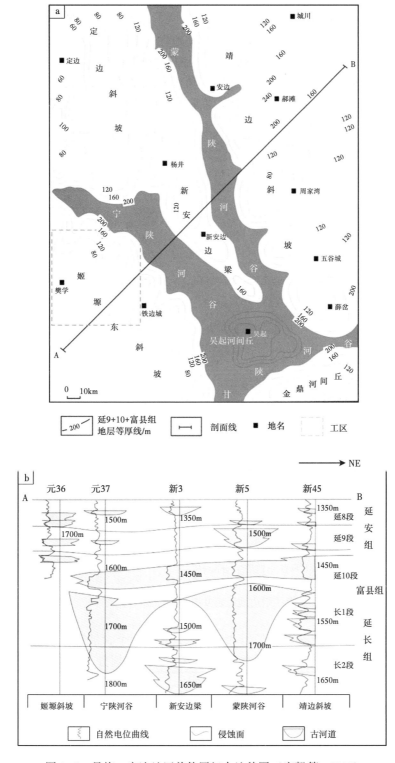

图1-5　吴旗—定边地区前侏罗纪古地貌图（宋凯等，2003）

a. 平面图；b. 断面图

流作用减弱，含煤沼泽广泛发育，是主要的成煤期。延4+5期是盆地发育的萎缩阶段，沉积作用的主要特点是河流沉积作用再次增强，在平原上形成交错的河网（李文厚等，2009，2016；李振宏等，2015）；进入延3—延1期，盆地在构造沉降、稳定期之后再出现构造抬升，河流回春，河流携带大量的沉积物质进入湖泊，以超补偿作用使湖泊淤塞，湖水变浅，湖泊面积也大大缩小，形成残余湖泊，并被三角洲平原或冲积平原所代替，最终于延安期末，结束了这一阶段的盆地发育历史（李文厚等，2009，2016；郭艳琴等，2019）。

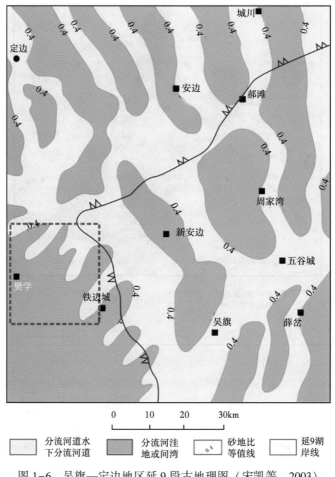

图1-6　吴旗—定边地区延9段古地理图（宋凯等，2003）

延长油田樊学油区是三叠系延长组和侏罗系延安组两个含油层组的叠合发育区。根据沉积旋回及油层纵向分布规律，三叠系延长组自下而上可划分为十个油层组，即长10至长1。其中，长7期是湖盆最大的扩张期，湖水深、水域广，沉积了一套以油页岩为主的厚达100m以上的生油岩系，奠定了中生代陆相生油的基础。定边油田樊学油区大部分区域处于湖盆沉积中心的西北部，从湖进早期（长10—长8）的退积型三角洲沉积演变为湖侵阶段（长7）的低密度浊流沉积，再形成湖退期（长6以上）的进积型三角洲沉积，从而在纵向上构成了晚三叠世延长期的相序演化序列。这种序列不仅反映了沉积物由粗变细、再由细变粗的沉积旋回特征，同时也决定了成藏组合的方式及油气的纵向分布特征。

三叠纪末期，受印支运动的影响，盆地进一步抬升，延长组顶部地层遭受不同程度的剥蚀，形成沟壑纵横、丘陵起伏的古地貌景观。在此古地貌景下，侏罗纪早期该区的南、北、东三面被古河所包围，形成了南有甘陕古河、北和东有宁陕古河、中部是定边高地的古地貌形态。部分一级古河流向下已下切到长3地层，其存在一方面向下沟通了油源，另一方面，其边滩相砂岩或次级河道砂岩为油气的聚集提供了场所。

侏罗系早期的河流充填式沉积，对印支运动所形成的沟谷纵横的地貌起到填平补齐的作用。沟谷中主要为一套粗粒序的砂岩沉积，而高地腹部局部地区则未接受沉积，之后随着填平补齐作用的加强，地貌逐渐夷平，发育了一套中细砂岩、砂泥岩及煤系地层等泛滥平原河流相沉积。

总之，延长组下部大型生烃坳陷是定边油田樊学油区三角洲油藏形成的物质基础，三角洲砂体发育区是油气富集的主要场所，相带变化是形成圈闭的重要条件，三者共同构成了定边油田樊学油区延长组的基本成藏地质条件；古河的下切形成了下部油气向上运移的良好通道，古高地和斜坡区的河道砂岩是油气的储集体，泛滥平原沉积的泥岩等细粒沉积物则成为油气的遮挡条件，这些条件与西倾单斜上发育的低幅度鼻状构造相配合，在本区形成众多的延安组小型油气富集区。

第三节 油层组划分与生储盖组合

定边油田樊学油区钻遇的地层自上而下为第四系、下白垩系志丹统、侏罗系中下统安定组、直罗组、延安组、三叠系上统延长组。侏罗纪延安组与三叠系延长组是该区主要的勘探开发目的层系。在地层、油层组的划分对比过程中，严格采用延长油田西部油区地层统层所述地层划分对比方案，并借鉴原地矿系统及长庆油田对陕北地区侏罗系、三叠系地层及油层组的划分标准，对本区内的探井与生产井进行了认真的研究与对比，对地层、油层组进行了重新划分、对比。

一、地层划分的依据及原则

1. 地层划分依据

地层划分的依据有标志层法、岩石矿物学法、剖面结构及电测曲线组合特征类比法、沉积旋回法、地层厚度法等多种方法综合判识对比，下面就地层划分的依据简要论述如下。

1）主要标志层

在鄂尔多斯盆地长期石油勘探开发中在延长组识别出K0~K9共10个可以基本区域对比的标志层，这些标志层可以归为两种类型，一类为与火山喷发物有关的凝灰质岩，另一类为灰黑色泥页岩和油页岩（表1-1）。下面就10个主要标志层的特征及其在樊学油区的发育情况进行如下简述。

（1）K0标志层（李家畔页岩）：位于长9油层段顶部（图1-7和图1-8），为厚几米至十余米黑色页岩及油页岩，高声波时差、高伽马值、中高电阻，为地层对比的重要标志层，在鄂尔多斯盆地北部、南部、西部周边地区黑色页岩或油页岩为砂质页岩、泥质粉砂岩所代替，因此定边樊学油区K0标志层不是很明显。

表 1-1 鄂尔多斯盆地樊学地区延长组地层划分表

系	组	段	油层组		厚度(m)	岩性	标志层
三叠系	延长组	T_3yc^5	长 1		0~90	暗色泥岩、泥质粉砂岩、粉细砂岩不等厚互层,夹炭质泥岩及煤线	
		T_3yc^4	长 2	长 2₁	40~50	灰绿色块状细砂岩夹暗色泥岩	K9-顶(碳质泥岩或含凝灰质泥岩)
				长 2₂	40~50	浅灰色细砂岩夹暗色泥岩	K8-顶(凝灰质泥岩)
				长 2₃	30~40	灰、浅灰色细砂岩夹暗色泥岩	K7-底(凝灰质泥岩)
			长 3		90~110	浅灰、灰褐色细砂岩夹暗色泥岩	
		T_3yc^3	长 4+5	长 4+5₁	40~60	浅灰色粉细砂岩与暗色泥岩互层	K6-顶(凝灰质泥岩) K5-底(凝灰质泥岩)
				长 4+5₂	40~60	浅灰色粉细砂岩与暗色泥岩互层	K4-底(凝灰质泥岩)
			长 6	长 6₁	35~45	褐灰色块状细砂岩夹暗色泥岩	
				长 6₂	35~40	浅灰色粉细砂岩夹暗色泥岩	K3-底(凝灰质泥岩)
				长 6₃	25~35	灰黑色泥岩、泥质粉砂岩、粉细砂岩互层夹薄层凝灰岩	
				长 6₄	15~30	灰黑色泥岩、泥质粉砂岩、粉细砂岩互层夹薄层凝灰岩	K2-底(凝灰质泥岩)
			长 7		90~140	暗色泥岩、炭质泥岩、油页岩夹薄层粉细砂岩	K1-下(张家滩黑页岩)
		T_3yc^2	长 8		80~100	暗色泥岩、砂质泥岩夹灰色粉细砂岩	
			长 9		90~120	暗色泥岩、页岩夹灰色粉细砂岩	K0-顶(李家畔黑页岩)
		T_3yc^1	长 10		240~300	灰色厚层块状中细砂岩,粗砂岩,麻斑结构	

（2）K1 标志层（张家滩黑页岩）：位于长 7 油层段下部，厚度几米到几十米不等，电性表现为高声波时差，高伽马值，高电阻，声波时差曲线形态呈梯形。岩性特征为灰黑色泥页岩和油页岩，具水平层理，是延长组长 7 期湖泊兴盛时的产物，属半深水—深水湖相沉积，其中软体动物和浮游生物发育甚为丰富，微体动物（介形虫）常密集成层，是盆地最重要的优质油源岩。此标志层在鄂尔多斯盆地中南部分布极为稳定，可以作为剖面对比的基准面与构造制图标准层，是划分延长组长 6-8 的区域性标志。在樊学油区 K1 标志层明显，厚 20~40m（图 1-7 和图 1-9）。

（3）K2 标志层位于长 6 底部，为长 6 油层组与长 7 油层组分界。厚度在 2m 左右，岩性特征据取芯资料证实为棕灰色、微带黄色水平层理凝灰岩或凝灰质泥岩。电性特征表现为低电阻、特低感应、高声波时差与大井径、高伽马值；在樊学油区 K2 标志层较明显（图 1-7）。

（4）K3 标志层位于长 6 油层组中、下部，其顶为长 63 与长 62 的分界。距长 7 顶（K2）30~35m，是控制长 6 下部的重要标志层，岩性为灰黄色凝灰岩。该层厚度在 1m 左

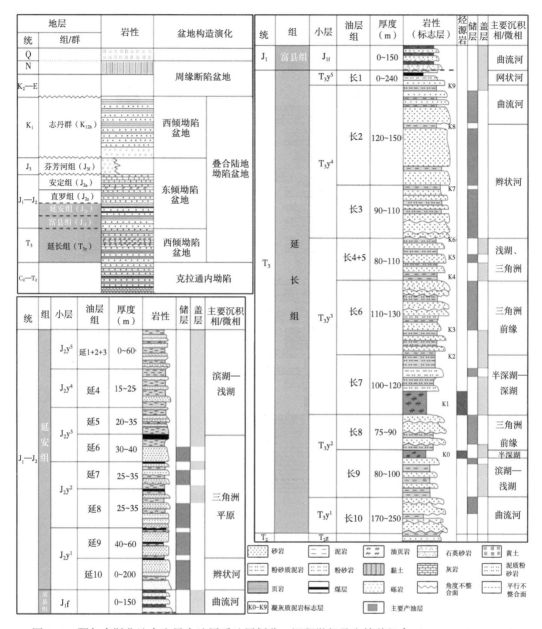

图 1-7　鄂尔多斯盆地中生界含油层系地层划分、沉积微相及生储盖组合（Qu, et al., 2020）

右。电性特征为低电阻、特低感应、尖刀状高声波时差、大井径、高伽马值。在樊学油区 K3 标志层较明显（图 1-7）。

（5）K4 标志层位于长 4+5 底部，岩性为黑灰色的凝灰质泥岩，为长 4+5 与长 6 分界线。上距 K5 标志层 45m 左右，下距 K3 标志层 80m 左右，是控制长 61 油层组的重要标志层。厚度在 2m 左右，声波时差与自然伽马值高，大井径，有时具有双峰，呈燕尾状；其上为反旋回的长 4+5 复合砂体，其下为长 6 厚层砂体，在樊学油区 K4 标志层很明显（图 1-7 和图 1-10）。

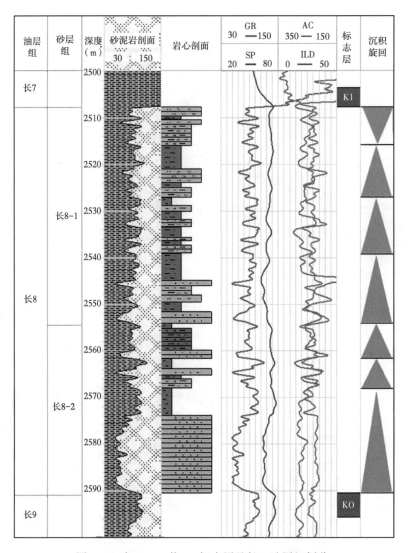

图 1-8　定 40069 井 K0 标志层及长 8 油层组划分

（6）K5 标志层位于长 4+5 地层中部，岩性为薄层黑色凝灰质泥岩，是长 4+5$_1$ 与长 4+5$_2$ 分界标志，厚度 lm 左右。K5 标志层下距 K4 标志层 45~48m，电性特征为尖刀状低电阻、低感应、高声波时差、大井径高伽马值，特征明显，容易辨认，全区分布稳定。在樊学油区 K5 标志层很明显（图 1-7 和图 1-10）。

（7）K6 标志层位于长 4+5 顶部，是长 3 与长 4+5 的分界。电性及岩性与 K5 标志层相似。它是由 4 个薄层凝灰质泥岩组成似锯齿状的声波时差和自然伽马曲线形态。K6 标志层高于 K4 标志层 90~100m，K6 标志层可以作为长 3 地层对比的标志层。在樊学油区 K6 标志层很明显（图 1-7 和图 1-10）。

（8）K7 标志层位于长 3 上部，距长 2 底 35~40m，岩性为暗色凝灰质泥岩，为控制长 2 底界之辅助标志层（图 1-7）。该层厚度在 0.8m 左右，声波时差高，呈尖刀状，自然伽马值也高。感应与井径曲线特征不明显。在樊学油区 K7 标志层不太明显。

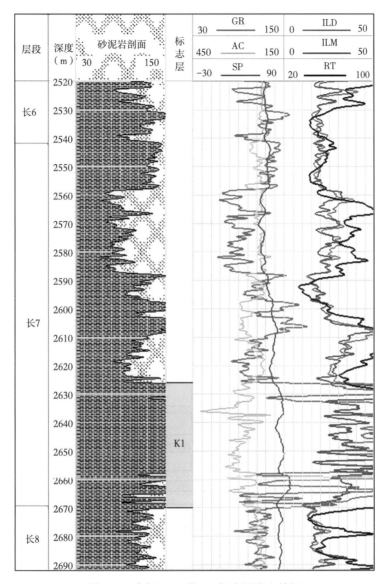

图 1-9　定探 4081 井 K1 标志层岩电特征

（9）K8 标志层位于长 2_2 顶部，距长 2_1 底部 20m 左右，是控制长 2 中部和长 2_1 分层的辅助标志层，该层厚度在 0.6~0.8m（图 1-7）。岩性为暗色凝灰质泥岩。电性特征为低电阻、低感应、高声波时差与大井径、高自然伽马值。在樊学油区 K8 标志层不太明显。

（10）K9 标志层位于长 1 底，是长 1 与长 2 的地层分界，特征明显，分布稳定，是整个延长组区域地层对比的主要标志层之一，其厚度在 1m 左右（图 1-7）。电性特征为低电阻、特低感应、尖刀状高声波时差与大井径、高伽马值。岩性为凝灰岩，颜色翠绿，质地致密，断口鳞片状，显微镜下为针状火山玻璃碎屑。在樊学油区 K9 标志层很明显。

在樊学油区 K1、K2 、K4、K5、K6、K9 标志层比较明显。尤其是 K1、K4、K6、K9 标志层在整个区域可以完全对比。

13

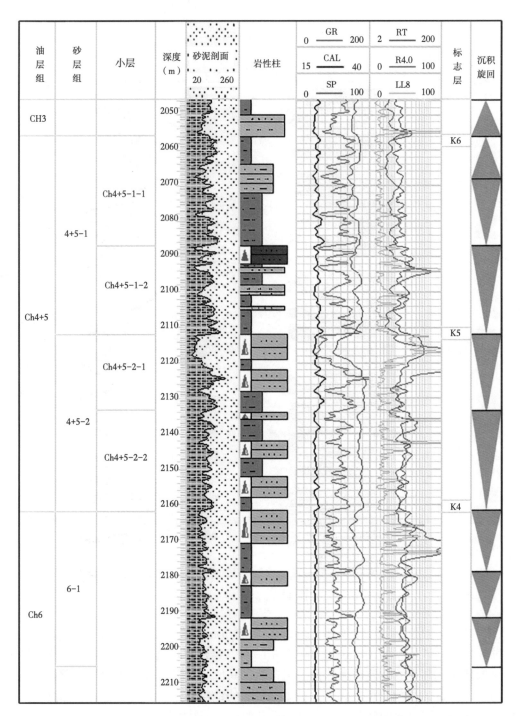

图 1-10　樊学油区定 4165 井长 6₁、长 4+5 电性特征

　　（11）延安组主要标志层主要为三角洲平原沼泽环境下的煤层，是划分延安阶各油层组的依据，以延 6、延 7 和延 9 顶煤最为明显，具有相对稳定和分布广的特点（表 1-2 和图 1-11）。

表 1-2 鄂尔多斯盆地樊学地区延安组地层划分表

分层			厚度	岩性	标志层
系	组	段	油层组	（m）		

系	组	段	油层组	厚度（m）	岩性	标志层
侏罗系	直罗组	J_2z		200~400		七里镇砂层
	延安组	J_1y^1	延1	缺失	灰白色砂岩与深灰色泥岩夹杂的互层，产大量植物化石和介形虫，蚌鳃、腹足类化石，延9、延6为主要产层	
			延2	缺失		
			延3	局部缺失		
		J_1y^2	延4	40~60		煤线
			延5			
		J_1y^3	延6	30~40		煤线
			延7	25~40		煤线
			延8	25~40		煤线
		J_1y^4	延9	40~60		煤线
			延10	0~120	厚层块状含砾中—粗砂岩，交错层理发育，夹薄层泥岩，产植物化石	煤线
	富县组	J_1f		0~250		

2）岩石矿物学方法

延安组为一套含煤岩系，属三角洲平原分流河道—沼泽相沉积，在纵向上为砂岩、泥岩、煤（或碳质泥岩）进积型多旋回沉积，其沉积早期为巨厚多阶性辫状河粗碎屑岩填充沉积。岩石矿物学特征延安组以灰白色、浅灰色长石质石英砂岩为主，岩石结构成熟度较好，砂岩储油物性较好。

延长组为一套深灰、灰绿色岩系，属河流—三角洲—湖泊相沉积，纵向上为砂岩、泥岩互层，既有进积型亦有前积型沉积。前积型表现强烈的长6沉积期，三角洲沉积广布。岩石矿物学特征，以岩屑质长石石英砂岩为主，长石组分含量较高，石英较低，岩石的结构成熟度较差，有较多的黑云母片，砂岩储油物性较差，素有磨刀石之称。

3）剖面结构及电测曲线组合特征类比法

电性是岩性的反映，在常规条件下，电测曲线的变化反映了岩石的微观结构的变化，电测曲线组合变化与岩性组合变化亦然。组合变化代表着某一段时间内的沉积序列变化和其在电性上的反映，应该说更具可比性和可靠性。这里主要提及的有延9以上延安组含煤组合，延10富县辫状河充填型粗碎屑岩组合，延长组长1和长4+5指状型时差组合，长6时差、电位、伽马稳定型组合，长7高时差、高伽马、高电阻等三高组合。上述诸组合既有层位上的限定，也有沉积环境之表征，是划分和对比地层常用方法之一。

4）沉积旋回法

在确定地层的界限时常用沉积旋回法，延长组长3以上直至延安组顶部以正旋回的底部砂岩作为分层底界。长6沉积期是整个鄂尔多斯盆地中北部河控三角洲的建设时期，前积型沉积序列明显，因此常以砂岩顶部作为分层界限；长4+5沉积期时樊学油区位于三角洲前缘区域，前积型或加积型沉积序列也比较发育，以逆旋回的河口砂坝沉积序列或逆旋回的河口砂坝与正旋回的水下分流河道正逆组合旋回沉积序列为代表，长4+5就是根据发

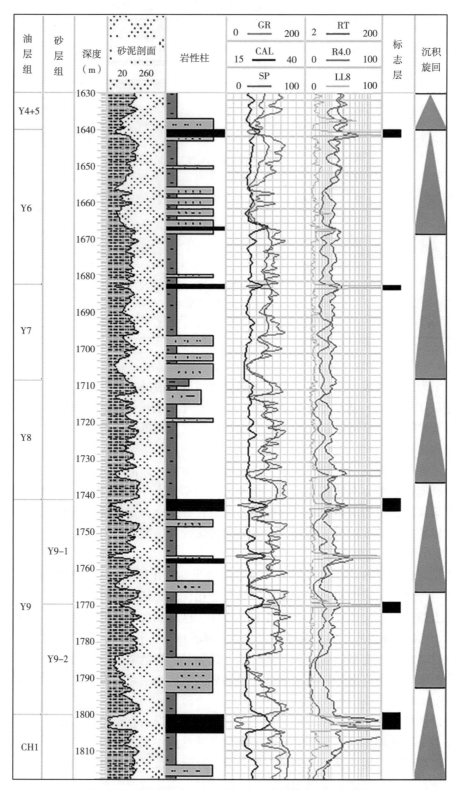

图 1-11　樊学油区定 4165 井延安组分层依据及电性特征

育 4 个加积型逆旋回或正逆组合旋回沉积序列划分为 2 个小层的。

5）地层厚度法

在相同地质时期沉积的地层，近区域内其厚度基本相近。鄂尔多斯盆地内构造不发育，地层倾角小，变化相对比较稳定。研究区处于陕北斜坡二级构造单元上，地势相对平缓，沉积环境较为稳定，沉积作用差异不大，在相同地质时期沉积的地层，近区域内其厚度基本相近，如长 8 厚度 70～85m，长 7 厚度 100～120m，长 9 厚度 90～120m；因此，在地层对比中常采用等厚度方法进行地层对比划分。

在前侏罗纪地层被河谷强烈冲刷、切割地区，其充填补偿厚度也大。鄂尔多斯盆地在燕山期构造演化时存在多个侵蚀结构面，最为显著的是侏罗纪早期的侵蚀不整合面，该时侏罗纪早期冲积物对延长阶地层的冲刷、切割、充填补偿，形成延 10 和富县组巨厚的河床相板状砂体盖覆在延长组不同层位的地层之上，下伏的延长组受到侵蚀保存不全，上覆板状砂体最厚的地方（河道中心部位）也是下伏延长组长 1 残厚最小的地方，板状砂体变薄的方向（河道两侧）长 1 残厚最大的地方。这样虽然长 1 地层由于被河谷强烈冲刷，其残厚不等；但长 1+富县组+延 10 的厚度是基本相等的。

2. 地层划分原则

（1）在地层划分与对比中，一方面充分借鉴本区原有分层方案和生产工作中的习惯性用法，另一方面又依据本区的地层和沉积特点及其变化规律进行砂层组及小层的划分。

（2）将本区钻遇的延安组和延长组地层划分与对比进行归一化处理，纵向上大层划分仍沿革生产工作中的习惯性用法，在具体划分上以岩性岩矿特征、标志层卡层系，以剖面结构及电测曲线组合特征划组段，以沉积旋回、地层厚度定界线。在横向上则用逐井特征类比追踪对比、剖面闭合，并采用分层底界高程检验其对比的合理性和可靠性。

（3）由于侵蚀和补偿的平衡效应，采用上下标志层卡，中间厚度控制，上部由上向下推，下部由下向上赶的办法进行地层划分和对比。即先寻找主要标志层，再寻找辅助标志层，先对大段，再对小段，旋回控制，参考厚度，最后闭合复查。

（4）在小层界面划分上一般正旋回划砂底，逆旋回划砂顶，正逆旋回划在旋回转换处，即高伽马高声波时差泥岩处。

（5）煤层作为低能环境的产物，一般位于旋回的中上部或顶部，因此作为界面一般划在其顶面。

二、主力油层组主要岩性特征

1. 延长组地层岩性特征

长 8 油层组：长 8 油层组沉积期主要发育三角洲环境，地层厚度为 80～100m，与下伏长 9 油层组整合接触，自下而上可进一步细分为长 8_2、长 8_1 两个油层亚组，岩性以灰色、深灰色中细粒长石石英砂岩、长石岩屑砂岩与深灰色、暗色泥岩的互层组合而成，由北向南逐渐增厚。长 8_2、长 8_1 两个油层亚组几乎平均分割了长 8 油层组，分别有 1～2 个正韵律沉积层构成，上部成灰色、灰绿色泥质含量较高的长石石英砂岩组成，下部为灰色泥岩、中细粒砂岩组成，厚度分别达 40～50m。

长 7 油层组：厚度 90～130m，下部岩性以灰黑色泥岩、页岩为主，其中最下部发育一层厚 2～10m 的油页岩（B1），由北向南变厚。上部发育暗色浊积岩与暗色泥岩互层，这些浊积岩泥质含量较高，密度大，较为致密。

长 6 油层组：厚度约 150m，岩性为灰褐色、浅灰色细砂岩、粉细砂岩与灰黑色泥岩互层，自下而上划分为 4 个油层亚组。长 63 底部发育一套凝灰质泥岩薄层，为长 63 与长 64 之分界。下部长 63 与长 64 厚度分别为 30m 和 40~50m，以灰黑色泥岩为主，夹灰褐色、浅灰色细砂岩、粉细砂岩。中部长 62 厚度 30~35m，为浅灰色粉细砂岩夹暗色泥岩。上部长 61 厚度 40~50m，以灰褐色细砂岩、粉细砂岩为主，夹灰黑色泥岩、粉砂质泥岩。

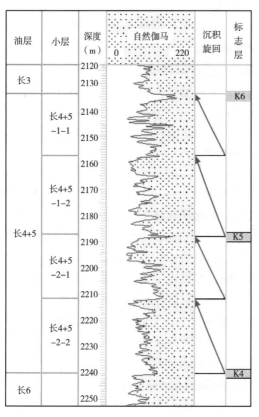

图 1-12 樊学油区长 4+5 由四个向上变粗
的沉积旋回组成（定 4165-2 井）

长 4+5 油层组：厚度 90~130m，可分为长 4+5₁ 与长 4+5₂，并进一步分为四个开发小层（图 1-12）。以灰黑色泥岩、粉砂质泥岩为主，夹薄层浅灰色粉细砂岩。电性特征为自然电位呈微小波状、泥岩段曲线大段偏正，自然伽马曲线和视电阻率曲线具指状高值，俗称细脖子（或高阻泥岩）段 K4（B5）。其中长 4+5₁ 与长 4+5₂ 厚度相差不大，在 40~50m 之间，最为特征的测井曲线特征为，长 4+5₁ 油层组声波时差呈高频率的变化，反映了长 4+5₁ 地层主要由厚度较小的沙泥岩互层组成，而从长 4+5 底部开始，声波时差变得更加平直，自然电位曲线幅度变大，砂岩厚度增加，可作为长 4+5₁ 与长 4+5₂ 的分界线。

长 3 油层组：厚度 90~100m，岩性为浅灰色细砂岩、灰黑色、深灰色泥岩互层。

长 2 油层组：厚度 130~150m，以厚层块状细砂岩、中细砂岩为主，夹灰黑色泥岩、顶部发育一套凝灰质泥岩。根据次级旋回从上至下将其分为长 2₁、长 2₂、长 2₃ 三个小层。长 2₁、长 2₂、长 2₃ 三个小层厚度分别为 35~45m、40~45m 和 45~50m，分别有 1~3 个正韵律层组成。

长 1 油层组：岩性灰黑色、深灰色泥岩及碳质泥岩（煤线）与浅灰绿色粉细砂岩不等厚互层。长 1 沉积后地壳上升，遭受不同程度的剥蚀，因而，长 1 地层在本区保存不全。

2. 延安组地层岩性特征

延 6 油层组：岩性主要为灰绿色、灰黑色泥岩，灰白色细砂岩。一般发育一个完整的正旋回，具有下粗上细的二元结构，底部河道沉积发育，侧向上有时相变为泥岩。测井曲线呈箱型和钟形组合特征。地层厚度 30~50m。

延 7 油层组：以深灰色泥岩、粉砂质泥岩为主，底部为灰白色细砂岩，一般具有一个完整的正旋回沉积特征。顶部具有 3~5m 的煤层。本油层组厚度一般 35~40m。

延 8 油层组：灰色、灰黑色泥岩和浅灰色细砂岩，构成一个完整的次级旋回。最大的特点是砂岩发育不稳定，变化较大，有时变为薄砂泥岩互层。单砂层厚度较大。本油层组厚度 30～40m。

延 9 油层组：岩性主要为灰绿色、灰黑色泥岩，灰白色细砂岩。一般发育一个完整的正旋回，具有下粗上细的二元结构，底部河道沉积发育，侧向上有时相变为泥岩。测井曲线呈箱型和钟形组合特征。地层厚度 35～55m。根据煤层又将延 9 划分为延 91 与延 92 两个油层组，延 91 只有局部地区砂岩发育，厚度为 10～25m，延 92 为砂岩较为发育，呈正韵律旋回，地层厚度为 20～30m，局部地区缺失。

延 10 油层组：岩性总体为一套灰白色块状中、粗粒砂岩，与下伏延长组地层假整合接触。研究区该段地层仅在局部分布，厚度 0～51m。

樊学油区 Y9 及 Y6 油层组为三角洲平原沉积环境，三角洲平原沼泽环境下形成的煤层，是划分延安阶各油层组的依据，以延 6、延 7 和延 9 顶煤最为明显，具有相对稳定和分布广的特点；延 10 或长 1 顶煤除工区西南及西北井区发育不稳定外，大部分区域也是可以对比的。

三、生储盖组合

晚三叠世延长期盆地内存在东北、西南两大主要物源区，受盆地底部形态西南陡、东北缓的影响，东北部主要发育河流—冲积平原—曲流河三角洲沉积。经历了湖盆的形成、发展、全盛到萎缩、消亡的整个阶段，形成了多套生、储、盖组合，构成了油气成藏的基本地质条件。本区长 7 为半深湖、深湖相沉积，发育厚达 90～100m 的灰黑、黑色泥岩，碳质泥岩及页岩，是区域广泛分布的主要生油岩系。油源对比证实延长组及延安组含油层系的油源主要来源于长 7 生油岩系。长 7 以上地层在纵向上形成三套区域性的良好储盖组合（图 1-7）。而长 8 油层组属于典型的上生下储的成藏模式，由于樊学油区长 6 油层组储层较为致密，而长 8 油层组储层较好，使得长 8 在长 7 油源差异驱替的作用下，成了较好的油气藏圈闭，目前作为樊学油区的主力油藏。

长 8—长 7 储盖组合（图 1-7）：长 8 油层组在工区内主要为滨浅湖三角洲前缘相沉积。砂岩厚度达 10～30m，分布面积大，含油显示广泛，是本区主要的油层。其上长 7 为半深湖、深湖相沉积，发育厚达 90～130m 的灰黑色泥岩、页岩，是区域广泛分布的主要生油岩系，沉积厚度大且分布广泛，具有良好的封盖条件，形成良好的储盖组合。

长 6、长 4+5 储盖组合（图 1-7）：长 6、长 4+5 油层组在工区内主要为三角洲前缘沉积。前缘砂岩厚度达 30～70m，分布面积大，含油显示广泛，是本区主要的油层。而砂体两侧的三角洲前缘水下分流间湾相带沉积，总体上岩性较细，以暗色泥岩及粉砂质泥岩为主，沉积厚度大，分布广泛，具有良好的封盖条件。储、盖层在纵向上相互叠置及横向上的岩性突变，形成良好的储盖组合。

长 2、长 1 储盖组合（图 1-7）：长 2 辫状河、曲流河沉积砂岩厚 50～100m，储层物性好，是本区延长组储集性能最好的层段。长 2 顶部及长 1 地层暗色泥岩厚度大，分布广，成为长 2 油层组区域盖层。

富县组及延安组中下部储盖组合（图 1-7）：早侏罗世富县组及延 10 辫状河、曲流河沉积砂体，厚度大，分布面积广，物性好，是区域油气运移和聚集的有效输导层及储集层；延9网状河砂体也是本区物性最好储层之一。同时，富县组顶部的杂色泥岩段、延9—延6滨浅湖相及网状河分流间洼地沼泽相泥岩为区域盖层。

区域盖层条件分析：

鄂尔多斯盆地三叠系延长组属大型内陆湖泊沉积，深湖半深湖泥质岩、三角洲平原沼泽化沉积形成的泥质岩，均是良好的区域性盖层。其中长7、长4+5、长1是本区分布最广、封盖能力最强的3套优质区域盖层。

长4+5油层组是在湖盆三角洲建设第一次高峰期（长6）之后、湖泊再次扩张沉积形成的。其特征是河流规模较小，上部沉积岩以泥质岩类为主，砂岩不发育，是盆地中生界三叠系延长组最为重要的一套区域性盖层，对下伏长4+5油层组下部油气的成藏和保存具有十分重要的意义。覆于长7段烃源岩层之上的长6及长4+5等储集层均可优先直接获得下伏烃源岩层中的油气而聚集成藏，从而形成下生上储式生储盖组合。

第四节　樊学油区勘探开发历程与现状

一、勘探历程与勘探成效

1. 勘探简况

定边油田樊学油区勘探开发始于2003年，以"三权回收"的33口井为起点，以侏罗系延安组延9油层开发为主。2004年勘探开发的重点调整至三叠系延长组，同年10月，在定4119油井长4+5获得突破，试油日产液量17.25m³，获得工业油流2.588m³，含水85%。2006年实现了油气勘探开发跨越式发展，浅层延6、延9找到了两个高产层位，深层长8取得了重大突破，发现了唐山、桃新庄等含油富集区，其中定探4515井长4+5初期日产油5.9t。2008年在张崾岘—白马崾岘油区进行整装勘探，长4+5、长8油藏勘探成效明显，其中定探4896井长8初期日产油33t。2009年主探区延伸至南部康梁油区，主力勘探长4+5、长8油藏，兼探浅部延安组油层，其中定探4060井延8层试油日产油15.7t，定探4891井延9日产油16.4t。2010年对罗庞塬区进行整装规模勘探，主力勘探该区长4+5、长6、长8油层，取得了突破性成效，其中定探4069长8层试油日产油63t，定探40081井长4+5试油日产油15.7t。2014年在樊学南部油区，发现方西沟长8勘探有利区，其中定探48024井长8日产纯油3.6t。2015年为进一步增储上产，积极开展页岩油勘探试采工作，获得成功，定探40060井区长7成果持续扩大，定资40060A-4、定资40080A-4长7试油均获工业油流，完钻我厂第一口页岩油水平探井，水平段长1250m，试油自喷日产油73t，拉开了我厂页岩油勘探开发新篇章。

2. 勘探历程

延长油田樊学油区的勘探大致经历了三个阶段：

1）奠基阶段（1998—2003年）

本阶段以私人投资为主，共钻探油井35口，主要钻探目的层为延安组、延长组上部长2油层，总体上具有规模小、深度浅、工艺落后的特点。

2）突破阶段（2004—2005 年）

2004 年，定边油田在"三权"回收后，正式对该区域进行勘探。勘探初期，受到思想认识、工艺技术、勘探主体、资金实力等因素的影响和制约，困难重重。虽然有私人钻井35 口，和长庆油田局部开展的物化探，地震资料，勘探效果较差。通过大力引进科技人员，对比资料，重新认识，认为樊学油区域油源充足，侏罗系油藏处于姬塬高地"金项链"有利储油带，三叠系下部油藏处于三角洲前缘砂体的有利发育带，坚定了重上樊学油区域的信心。2005 年，在重组后得到强有力的资金支持后，在长庆放弃的区域上，开始以长 4+5、长 6 为目的层兼探上部油层的勘探方针部署探井。取得了侏罗系试油初产达110t/d、长 4+5 试油 20t 以上的成果，从而拉开了樊学油区域全面勘探的序幕。

3）全面勘探开发阶段（2006 至今）

随着延 9、长 4+5、长 8 等油层的突破和勘探开发一体化的实施，延长油田樊学油区的勘探日新月异，期间完钻探井资源井 213 口。勘探成果表现在三个方面：一是勘探开发面积的扩大，达 630km²；二是新油层不断发现，从延安组延 6 到延长组长 9 的各套油层均有突破，尤其是深部长 8 油层的勘探取得重大成果；三是侏罗系局部低阻油藏陆续发现，其中定 4911-1 井获 130m³/d 的高产油流；四是延长组长 7 段页岩油勘探开发取得新突破性成效，目前已发现了 6 个 I 类页岩油含油有利区，落实了整装规模储量，目前定边油田长 7 页岩油探明+控制+预测含油面积 596km²，储量 1.65×10⁸t。对定边油田 7 段 I 类页岩油资源量进行评价，远景地质资源量达到 2.5×10⁸t。采用水平探井进行长 7 段页岩油勘探，2020 年完钻罗探平 19 井试油自喷日产油 73t。

3. 勘探成效

截至目前，完成探井 224 口，资源井 36 口，资源面积 630km²，控制含油面积480km²，累计探明含油面积 306.31km²，探明地质储量 21874.96×10⁴t。其中延安组含油面积 114.3km²，石油地质储量 5491.18×10⁴t；长 1 含油面积 6.47km²，石油地质储量152.4×10⁴t；长 2 含油面积 16.16km²，石油地质储量 1081.75×10⁴t；长 4+5 含油面积227.54km²，石油地质储量 8986.54×10⁴t；长 6 含油面积 37.48km²，石油地质储量1492.2×10⁴t；长 8 含油面积 119.02km²，石油地质储量 4670.88×10⁴t。

二、开发历程

定边油田樊学油区以"三权回收"的 33 口井为开发起点，2006 年重点围绕延 9、长 4+5、长8 实施全面开发。2010 年初开始注水开发，采用不规则井网开发。

试采期（2004 年 9 月—2006 年 8 月）：2004 年开始勘探开发评价工作，在延 9 油层、延长组长 4+5、长 8 均获较好工业油流。期间投产采油井 137 口，开井 107 口，期末日产液 920.881m³，日产油 479.328t，平均单井日产油 4.47t，综合含水 38.4%，阶段累产油5.7×10⁴t。

产能建设期（2006 年 9 月—2010 年 9 月）：2007 年后，在前期试采的基础上，进一步扩大产能建设规模，日产油逐步上升，最高达到 3000t 以上。期末油井总体达到 2200 口，开井 1238 口，日产液 5445.442m³，日产油 2830.473t，平均单井日产油 2.28t，综合含水38.5%，阶段累产油 144.39×10⁴t。

注采完善精细调整期（2010 年 10 月至今）：针对自然能量开发井地层压力下降的情

况，在基础地质研究的基础上，开展注采完善工作，以恢复地层压力，提升单井产能。期末有注水井1392口，开井1102口，注采井数比1:4.22，日注水量1.2×10⁴m³，月注采比1.04。通过注水开发，注水开发区油井不同程度见到注水效果，地层能量获得一定补充，水驱动用程度进一步提高。

樊学油区是我厂的主力开发和上产区，经过多年的勘探开发，已发现了直3、延4+5、延6、延7、延8、延9、延10、长1、长2、长3、长4+5、长6、长7、长8等多套层系。浅层延6、延9找到了两个高产层位，深层长4+5、长6、长8取得了重大突破。目前已完成各类钻井6198余口，控制面积480余平方千米，已经发现是石油地质储量亿吨级的大型油田，各个层位含油面积和储量情况见表1-3。

表1-3 樊学—白马崾岘油区储量表

储量类别	层位	含油面积 （km²）	地质储量 （10⁴t）	技术可采储量 （10⁴t）
已开发	延6	17.45	535.53	130.92
已开发	延8	7.50	393.65	78.73
已开发	延9	89.35	4562.00	1022.34
已开发	长1	6.47	152.40	34.44
已开发	长2	16.16	1081.75	144.96
已开发	长4+5	227.54	8986.55	1347.20
已开发	长6	37.48	1492.20	178.97
已开发	长8	119.02	4670.88	645.97
合计		306.31（叠合）	21874.96	3583.53

第二章　鄂尔多斯盆地多层系复式油藏聚集规律

在20世纪80年代，中国石油地质工作者认识到油气的生成、成藏和分布与烃源岩有直接或间接的联系，即受烃源岩分布的控制，从而提出了源控论（胡朝元，1982；Demaison G，1984；吴欣松等，2001；Jia Chengzao，2012）。源控论认为在勘探中首先要定凹选带，逼近油源区勘探；随着油气勘探的发展，尤其是渤海湾断陷盆地由于块断活动强烈，岩性岩相变化大，在勘探实践中发现油气藏以二级构造带为背景，纵向相互叠置，平面叠合连片，成群成带展布，于是提出复式油气聚集带理论（胡见义等，1986；吴欣松等，2001），即带控论。带控论认为一个复式油气聚集带是由多个含油气层系、多套油气水系统、多种类型油气藏组成的油气藏群，带控论强调以二级构造带背景为核心的勘探思路，即优选有利的二级构造带。此后又有学者认为区域盖层对油气富集起关键作用，提出了源—盖共控论（童晓光等，1989；周兴熙，1997）。源—盖共控论认为有效烃源岩和盖层共同控制着油气系统的有效性。随着岩性油气藏勘探高潮的发展，学者又提出了相控论（贾承造等，2004；赵文智等，2004；邹才能等，2005），相控论认为在存在有效烃源岩、构造背景和输导体系等前提下，油气的分布与富集受有利储集相带的控制，各种有利的沉积相和成岩相是决定有效储集体形成和分布的基础和关键。相控论强调"选凹定相"，认为"凹"作为烃源岩发育区已基本明确，因而相控论把定"相"作为核心问题，其主要目标是确定储集区带。最近又有学者提出源热共控论（张功成，2012），其主要认识是源热共控油气形成，二者相互耦合作用控制了含油气区内油气的生成与否、生烃规模、相态（石油或天然气）类型与区域分布模式，源热共控油气区油田、气田和油气田在空间上的有序分布。笔者认为源热共控论适用于盆地勘探初期，以选"凹"作为目的阶段，是源控论的深化。对于勘探程度比较高，以定"藏"为目的的勘探，上述理论认识虽然具有重要指导意义，但依然不能满足定"藏"的目标勘探要求。

近年来鄂尔多斯盆地的石油勘探实践表明，鄂尔多斯盆地具有"大面积含油、小区块富集、岩性控藏"的油气聚集规律和"油层多、变化大、油水分异大、物性差、压力低、产量小及属于弹性—溶解气驱动"的油藏特征，在"好凹好相"区带，不一定富集油气，也可能富集水，对此源热共控论和相控论难以把握石油富集规律，因此石油的分布除受源—热共控、源—盖共控及相控外，其富集的具体位置更受压力势及流体势控制（Hubbert M K，1953；England W A et al.，1987），即"势控"。有学者基于鄂尔多斯盆地中生界"相、源、储、运聚与油藏关系"的系统分析，探讨鄂尔多斯盆地中生界石油聚集规律，分析认为相势耦合更加符合鄂尔多斯盆地石油聚集规律（王永诗，2007；庞雄奇等，2007；屈红军，2019）。所谓"相"即"沉积成岩相"，沉积相决定了烃源岩及储层的展布及发育特征，成岩相决定了优质储层的分布及储层的储集空间（朱国华，1985；杨晓萍等，2007；邹才能等，2008；Zheng Junmao，et al.，2008；葛云锦等，2018）；"势"即

"压力势"或"流体势",二者决定了油气运移方向及聚集圈闭位置(付金华等,2004;段毅等,2005;Luo Xiaorong, et al., 2007;李元昊等,2009;屈红军等,2011)。由于鄂尔多斯盆地含油层系延长组及延安组沉积期为大型的内陆陆相拗陷盆地,内部构造相对简单,地层平缓,断裂较不发育,含油层系以河流三角洲相低渗透砂岩储层为主(宋凯等,2002;杨华等,2003;Yang Hua, et al., 2004;耳闯等,2016),其中主力含油层系延长组岩性致密,为低孔特低渗储层,在六大成藏条件中盖层、保存、圈闭一般不存在问题,在烃源岩确定的条件下,主要需要考虑的就是储层和运移聚集的问题。沉积相决定了储层的发育,"压力势"及"流体势"决定了油气运移方向及聚集圈闭位置,因此相势耦合控制鄂尔多斯盆地中生界油气聚集,体现了"源控区、相控带、势定位"的石油聚集规律(屈红军,2019)。

第一节 烃源岩特征

一、烃源岩分布

鄂尔多斯盆地是一个长期继承性发育的大型叠合盆地(李德生,1982),为克拉通—前陆叠合盆地,中、晚三叠吐鄂尔多斯盆地为一个富烃坳陷。此时,气候温暖潮湿,长8末期受构造事件影响,湖盆迅速沉降,导致长7油层组沉积期水深加大,湖盆迅速扩张,浅湖、深湖区面积超过了$10×10^4 km^2$。沉积了一套有机质丰富的暗色泥岩、油页岩,以及多个凝灰岩或凝灰质泥岩薄层。优质烃源岩具有高阻、高伽马、高声波时堆、低电位的测井响应特征,为鄂尔多斯盆地中生界油藏的主力烃源岩。暗色泥岩和油页岩厚度大,在湖盆沉积中心厚度可达$40\sim60m$(图2-1)。泥岩质纯,富含藻类、介形虫化石及Fe、P、S、Cu、Mo、V等多种元素,反映出湖盆水体具有富无机营养物质的特征。富营养水体促进了生物勃发,为发育优质烃源岩提供了丰富的物质来源。

最大湖侵期广泛发育的深湖暗色泥岩和油页岩提供了充足的油源。地球化学分析表明,长7优质烃源岩有机质丰度高,成熟度适中,生烃强度大。长7干酪根类型以腐泥型、腐植腐泥型为主。无定形组分含量大于80%,主峰碳为C19,Pr/Ph小于1,反映母质主要来源于低等水生生物及其降解产物。镜煤反射率值为$0.7\%\sim1.1\%$,表明烃源岩的演化全部进入了成熟阶段,并向高成熟阶段过渡。

鄂尔多斯盆地中生界生油岩系主要为三叠系延长组湖泛期泥岩、油页岩,主要生油层为长7油层组(刘群等,2018;屈红军等,2019),分布于盆地南部$10×10^4 km^2$的范围内(杨华等,2005;张文正等,2006;Chen et al., 2007;曹红霞等,2008;Yao et al., 2013),主体呈NNE展布(Liu et al., 2005),厚度大、分布广、有机质类型好、成熟度高(黄振凯等,2018;林森虎等,2017),目前热演化程度已达到生油高峰阶段(李元昊,2008)。次要生油层为长9油层组,长9黑色泥页岩分布范围相对长7而言较为局限,主要分布在盆地中东部的志丹、富县、黄龙等地区,形成与局部凹陷形成的半深湖环境,厚度大于8m的烃源岩面积约$1×10^4 km^2$(张文正等,2006),深湖—半深湖环境沉积的泥岩控制了烃源岩的分布范围及厚度(图2-2)。

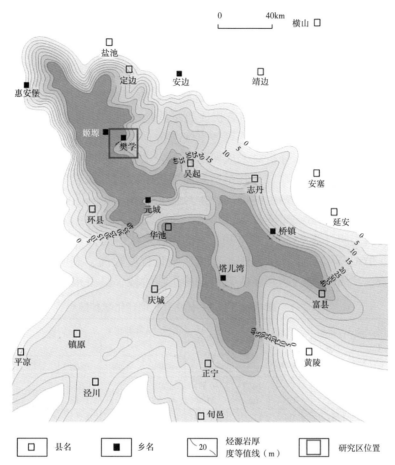

图 2-1 鄂尔多斯盆地长 7 烃源岩分布图 (Zhang et al., 2008, 2013;
Yang et al., 2013; Qu et al., 2020)

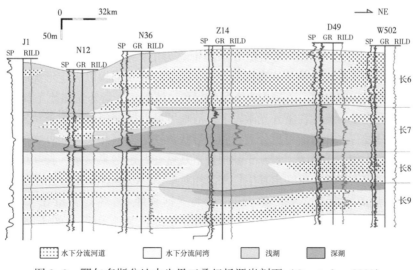

图 2-2 鄂尔多斯盆地中生界三叠纪烃源岩剖面 (Qu et al., 2020)

25

二、烃源岩有机地化特征及油源对比

1. 烃源岩的有机地球化学特征

1）有机质丰度

评价岩石中有机质丰度的有机地球化学指标较多，常用的有有机碳、氯仿沥青"A"、总烃和生烃潜量等。烃源岩中滞留的可溶有机质一般应与该岩石中的有机质丰度成正比，因此氯仿沥青"A"可作为判断岩石中有机质数量的地球化学指标；总烃是氯仿沥青"A"族组分中饱和烃与芳烃之和，所以它既可作丰度参数，也是判断烃源岩中有机质向油气转化程度的指标之一；岩石热解分析对未成熟的烃源岩来说一般能反映出其真正原始产烃潜力，但对已进入成熟阶段的烃源岩尤其是达到高成熟阶段的烃源岩只能测到其残余生烃潜力。随着变质程度的加强和成熟度的提高，生烃潜量（S_1+S_2）指标会明显地变小（杨华等，2005；张文正等，2006；郭艳琴等，2006；韩宗元等，2005）。

样品测试资料表明（表2-1），长7和长9的烃源岩氯仿沥青"A"含量在0.05%~1%，生烃潜力较高，TOC等参数也一致反映出有机质演化程度较高，表明长7段和长9段油源岩有机质丰度高，大部分均已达到了成熟早期的生油阶段，具备很好的生烃潜质。

表2-1　樊学油区长7—长9有机地球化学参数

层位	"A"（%）	最高峰温 T_{max}（℃）	有机碳 TOC（%）	生烃潜量 S_1+S_2（mg/g）	饱和烃（%）	芳烃（%）	沥青"A"转化率（%）		R_o（%）		OEP	
							范围	平均	范围	平均	范围	平均
长7	0.1~1.0	450~470	2.45~5.28	2.51~7.10	14.2~65.5	19.57~21.8	3.60~41.59	12.86	0.85~1.18	1.07	0.99~1.09	1.02
长9	0.05~0.1	430~450	1.52~2.31	2.06~5.82	11.6~79.5	23.38~31.83	8.93~36.70	17.81	0.8~1.05	1.01	1.03~1.06	1.00

2）有机质类型

长7油页岩段干酪根具有富稳定同位素^{12}C的特征，干酪根的$\delta^{13}C$值十分接近，主要分布在−28.5‰~−30.0‰之间，如果考虑成熟度因素，原始的有机碳同位素将更轻，反映出长7油页岩段干酪根以湖生低等水生生物为主，其沉积水体含盐度较低；长9油页岩段干酪根富稳定同位素12C的特征，干酪根的$\delta^{13}C$值主要分布在−29.16‰~29.59‰之间，反映出长9油页岩段干酪根也以湖生低等水生生物为主，有较高的烃转化率。

对长7油页岩段干酪根的镜下观察表明，长7油页岩段干酪根以无定形类脂体为主，见有少量的刺球藻和孢子，成分单一。透射光下呈棕褐色、淡黄色，紫外光和蓝光激发下呈亮黄色、棕褐色荧光。油页岩岩石光片在紫外光激发下，清晰可见沿层理分布的细条状发亮黄色荧光的类脂体，而且十分发育，并清晰可见分散状和条带状黄铁矿，因此长7油页岩段干酪根的前身物主要为湖生低等生物—藻类等。长9干酪根镜下观察与鉴定结果显示，长9优质烃源岩的生物来源以藻类无定型占优势，反映出其生物来源相对单一、以湖生藻类为主的特点。

长7和长9烃源岩沥青"A"族组成中烃类（饱和烃+芳烃）含量在45%~70%之间，饱/芳比值在0.72~3.7之间（表2-20），表明吴定地区长7和长9的干酪根类型主要为Ⅱ$_2$型（腐泥腐殖型），属于较好的烃源岩。

3）有机质成熟度

反映有机质成熟度最直观、最可靠的指标是镜质组反射率（R_o）值。一般的划分标准是：$R_o < 0.5\%$，为未成熟阶段，$R_o = 0.5\% \sim 0.7\%$ 为低成熟阶段，$R_o = 0.7\% \sim 1.3\%$ 为成熟阶段，R_o 值在 $1.3\% \sim 2.0\%$ 范围内为高成熟阶段，$R_o > 2.0\%$ 为过成熟阶段（黄第藩等，1984）。根据有机质成熟度的评价指标和已有的测试资料（表 2-20），长 7 和长 9 的 R_o 值分别为 $0.85\% \sim 1.18\%$ 和 $0.8\% \sim 1.05\%$，长 7 和长 9 的最大热解峰温 T_{MAX} 变化范围分别在 $450 \sim 470℃$ 和 $430 \sim 450℃$ 之间，沥青"A"转化率均比较高，OEP 平均值在 $1.00 \sim 1.02$ 之间，表明吴定地区长 7 和长 9 烃源岩分布的绝大部分地区均达到了成熟—高成熟早期的生油高峰阶段，具备很好的生烃潜质。

2. 油源对比

分析测试表明长 7 烃源岩具有如下特征：（1）C_{30} 霍烷 $> C_{30}$ 重排霍烷；（2）$T_s > T_m$；（3）规则甾烷 C_{27} 含量相对较高，与 C_{28}、C_{29} 规则甾烷呈不对称"V"字形分布特征（图 2-3）；长 9 烃源岩具有如下特征：（1）C_{30} 霍烷 $< C_{30}$ 重排霍烷；（2）$T_s > T_m$；（3）规则甾烷 C_{27} 含量相对较高，与 C_{28}、C_{29} 规则甾烷呈不对称"V"字形分布特征（图 2-3）。

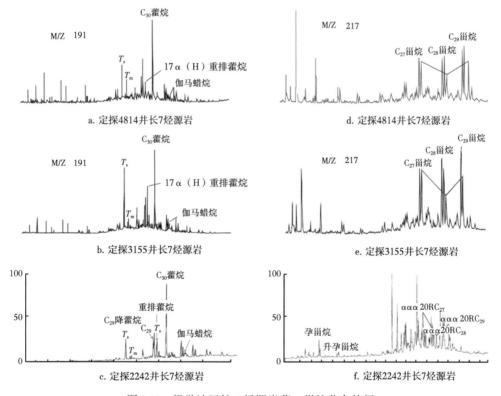

图 2-3　樊学油区长 7 烃源岩萜、甾烷分布特征

定探 4129 井的长 9 烃源岩的甾、萜类生标物分布特征与长 7 差异显著，特别是长 9 烃源岩五环三萜的重排霍烷的含量显著高于 C_{30} 霍烷，即长 9 烃源岩以重排霍烷丰富、重排甾烷含量较高和正常甾烷含量较低为特征（图 2-4）。

长 8 原油从甾、萜类生标物对比图可以看出（图 2-5），以 C_{30} 霍烷占优势，T_s 含量较高，伽马蜡烷含量低分布；规则甾烷 C_{27} 含量相对较高，与 C_{28}、C_{29} 呈不对称"V"字形分布。池 46 井的长 8 原油和定探 4814 井的长 7 烃源岩对比良好，都具有 C_{30} 霍烷含量较高，

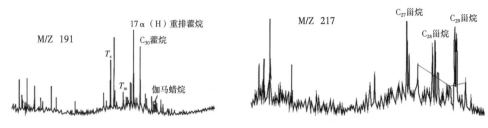

图 2-4　樊学油区定探 4129 井长 9 烃源岩萜、甾烷分布特征

$T_s>T_m$，甾烷分布也十分相似，以规则甾烷 C_{27} 含量相对较高，与 C_{28}、C_{29} 规则甾烷呈不对称 "V" 字形分布特征，说明樊学油区长 8 的原油来自长 7 烃源岩。

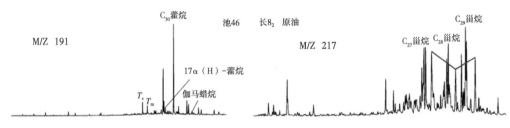

图 2-5　樊学油区长 8 原油生物标志化合物—甾萜类对比图

姬塬地区峰 2 井不同产层原油之间的甾、萜类生物标志化合物分布特征十分相似，充分表明它们来源的一致性，即来自长 7 烃源岩（图 2-6）。

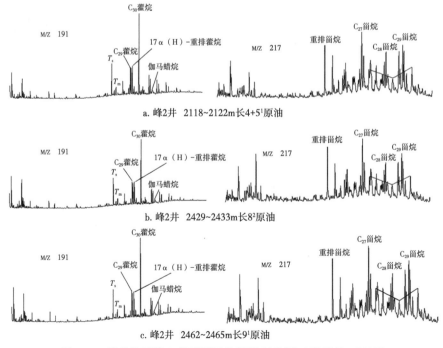

a. 峰2井　2118~2122m长4+5^{1}原油

b. 峰2井　2429~2433m长8^{2}原油

c. 峰2井　2462~2465m长9^{1}原油

图 2-6　樊学油区峰 2 井不同层位原油对比图（李元昊，2008）

因此综合有机地球化学参数，表明吴定地区长7和长9烃源岩有机质丰度高，有机质类型好，有机质成熟度高，是优质的烃源岩；通过油源对比，表明长8储集层原油与长7烃源岩有密切的亲缘关系，而与长9烃源岩可比性差；因此，吴定地区长8的原油来源于长7烃源岩。

第二节 运移通道

鄂尔多斯盆地具有构造稳定，持续沉降、整体抬升、坡降宽缓、褶皱微弱等地质特征，通常在盆地内较少发育大型活动性断裂体系，由此决定了渗透性砂体和不整合面运移形式是最主要的油气运移通道（席胜利等，2005）。侏罗系延安组油藏和三叠系延长组油藏的石油都来源于延长组下部的烃源岩，连片叠置的砂体、不整合面及断裂或裂缝系统是其运移的主要通道（杨俊杰，2002）。

一、连通砂体

从大面积的三角洲砂体分布、地层砂地比及延10砂体与油藏分布的关系来看，连通砂体是中生界油气的主要运移通道。

延长组三角洲砂体和河流砂体发育，具有砂体厚度大、分布面积广、复合连片等特点。其中紧邻主力生油层长7段的长6、长8段，围绕湖盆发育众多的湖泊三角洲砂体，砂层总厚50~90m，单砂层厚5~20m。这些砂体横向的大面积复合连片及纵向的相互叠置，分别为油气的侧向、纵向运移提供了良好的通道及聚集空间，油气富集程度高。

赵靖舟利用卡西莫夫图版，根据原油物性判断不同地区油气运移方式、运移程度发现，由三延至靖安方向，油气运移距离增长，长6到长2油藏垂向运移系数及侧向运移系数均有明显增加，且随着运移程度的增加，延长组油藏分异性明显，充分说明油气具有阶梯状爬坡运移的模式特点（图2-7）。

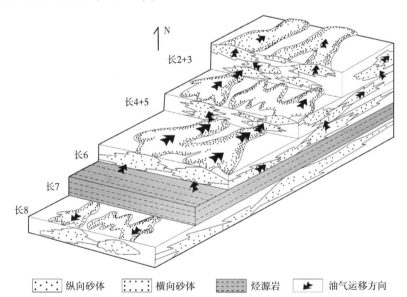

图2-7 鄂尔多斯盆地三叠系延长组渗透砂体与油气运移的关系示意图
（席胜利，刘新社，2005；肖柯相，2011；屈红军等，2019）

二、下切河谷不整合面

延安组初期的下切河谷是延安组油气运移的主要通道（图 2-8）。

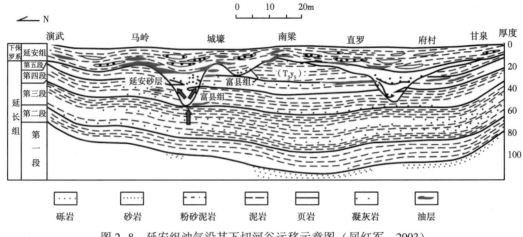

图 2-8　延安组油气沿其下切河谷运移示意图（屈红军，2003）

晚三叠世末—早侏罗世古河道中充填的侏罗系大型板状叠加砂体（厚 20~300m，宽 20~40m，展布面积可达厚 $3.0×10^4km^2$），侵蚀和切割延长组上部地层，首先作为输导层接受延长组运移上来的大量油气，接着沿输导层向低势区（向上或是向两侧层间）运移，并圈闭于上倾方向的超覆尖灭处、渗透性变异处或差异压实构造之中，这类砂岩既是油气的输导层，更是油气的良好储集层，形成诸如马岭油田、华池油田等侏罗系油藏。

油气运移过程中，原油性质和结构随输导途径、输导方式的改变而产生规律性变化，从而表征油气运移方向（黄第藩，1997）。三叠系与侏罗系之间的不整合面是油气运移的通道之一。

三、断裂和裂缝

延长组石油聚集的范围内不仅有断裂，而且有大量裂缝（姚宗惠等，2003；李恕军等，2002；袁林等，2002），它们参与了石油运移聚集，对油藏分布层段和空间范围都有控制作用。构造应力作用形成的断裂或裂缝是延长组油气垂向运移的重要通道。

1. 断裂

在鄂尔多斯盆地野外地质调查中，发现了不少具有平移、剪切、隐伏—半隐伏性质的断裂。这些裂缝的存在及其对中生界油气分布所起到的控制作用，日益引起广大石油勘探者的广泛关注（张文正等，1996；邸领军等，2003）。

在盆地西缘、南缘及东缘构造带，断裂对油气的控制作用尤为明显。如在勘探程度较高和已有重大发现的西缘冲断构造带中发育一系列南北向、北西向断层，其中，一、二级断层延伸长达百余公里，断距最大 3000m。这些断层不仅是控制一、二级构造的边界断裂，而且也沟通了上、下油源，使马家滩断褶带中的油气藏具有含油井段长、层位多、厚度大的油气成藏特点（图 2-9）。

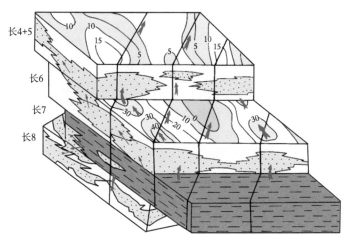

图 2-9　鄂尔多斯盆地延长组叠置砂体及裂缝复合作为油气运移主要通道（赵文智等，2003）

2. 裂缝

从盆地周边露头如延河剖面、宜川剖面、清涧河剖面，到盆地腹地的岩心，发现三叠系延长组地层中均发现有天然裂缝的存在，在樊学、五星庄油区延长组也发现了裂缝的存在（图 2-10），这些裂缝大大促进了纵向油源的沟通。在坪 128-1 井长 8 油层裂缝中方解石充填物中发现油气包裹体，证实油气不但沿叠合的渗透砂体运移，而且局部裂缝为主要运移通道。此外，在英旺油田英 16 井长 8 油层方解石充填的裂缝中发现沸腾油气包裹体，进一步证实了延长组油气沿裂缝运移。

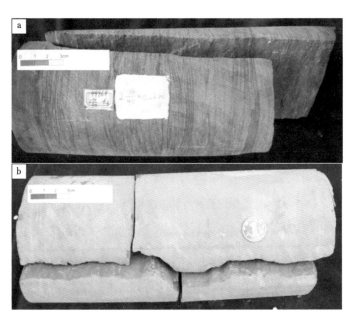

图 2-10　定探 4986 井及定探 3155 井直立缝
a. 定探 4986 井；b. 定探 3155 井

四、古今构造脊

1. 现今低幅度构造脊

鄂尔多斯盆地伊陕斜坡上的低幅度构造广泛发育（图 2-7）。稀井网小比例尺编图能更好地反映低幅度构造简单、规则、定向、缺少闭合的宏观特性；密井网大比例尺编图则能够精细刻画低幅度构造形态多样组合复杂的微观特征，构造轴长断续相连，轴迹偏转、分叉、凹凸、伏灭等现象频繁，局部发育背斜或穹隆等正向圈闭。每一支宏观低幅度构造都是由一系列复杂多变的微观低幅度构造组合而成，且上下构造继承性良好，展布总体一致，构造规模向上渐小，构造幅度向上渐大（王建民，2018）。

2. 古构造脊

鄂尔多斯盆地延长组下部原油运移方向受古构造控制，例如古构造凹陷附近的隆升带和斜坡带（Gao and Yang，2019）。在浮力作用下，生油向上运移至古构造高点，形成富油区（Liu et al.，2008；Gao and Yang，2019），这导致了高古构造区的油富集和低古构造区的水富集（图 2-11）。

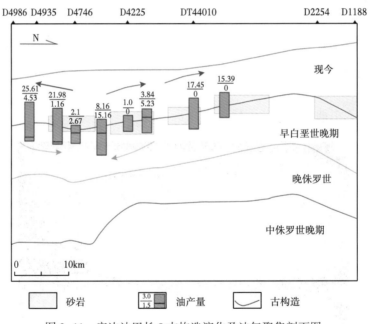

图 2-11　定边油田长 8 古构造演化及油气聚集剖面图

第三节　多层系油气成藏条件与聚集规律

超低渗透油气聚集、成藏和分布特征归根结底由盆地构造、地层、沉积相和沉积演化等区域地质特征决定。经历了半个多世纪大规模的油田勘探和开发，我国的石油地质工作者在实践中总结了"源控论"（吴欣松等，2001）、"带控论"（胡见义等，1986）、"相控论"（邹才能等，2005）等超低渗透油气富集成藏理论，这些理论都不同程度地强调了烃源岩、油气聚集有利构造带、有利储集沉积相带等对超低渗透油气聚集和成藏的控制作用。

一、三叠系延长组油气聚集规律

延长组油藏的形成是基于丰富的烃源岩、完好的储盖组合以及基底活动形成的断裂、裂缝等因素，而其分布多与三角洲砂体带、基底活动带、局部隆起等因素相关。

1. 成藏条件

（1）三角洲和重力流沉积砂体复合叠加形成大面积展布的碎屑岩储集体。

鄂尔多斯盆地中晚三叠世发育大型内陆坳陷湖盆，盆地腹部构造相对简单，沉积与沉降速率稳定，物源供给充沛，有利于大型三角洲的持续发育。在沉积物源控制下，鄂尔多斯盆地三叠系延长组三角洲发育，不同沉积阶段三角洲规模呈现此消彼长的特征。随着湖岸线的进退，分流河道、水下分流河道、河口坝等不同类型的三角洲砂体纵向叠加，横向复合连片，形成伸入湖盆的、围绕湖盆沉积中心的大型三角洲群，延伸百余公里。其中，长8、长6为中晚三叠世重要的三角洲建设作用阶段，三角洲砂体分布相对较稳定，叠加厚度大；长7中晚期和长6早期，发育大型重力流复合沉积砂体，砂体纵向叠加厚度大，平面上平行于相带界线或围绕三角洲前段稳定分布。这几套不同成因、不同展布方向的砂体在空间上构成了纵横交织的庞大储集体，为油气的运移和聚集提供了有利的储集空间（王峰等，2005；王琪等，2005）。

延长组为湖泊三角洲沉积体系，其中长4+5及长6期砂体类型为三角洲前缘水下分流河道以及河口坝砂体，走向北东和北北东。主要岩性为细粒、粉—细粒以及粉粒岩屑质长石石英砂岩，岩石的结构成熟度较低，孔喉结构差，表现为高含长石、高含胶结物，细孔细喉和细小微细喉型的特点，属低孔、低渗储层。然而，由于延长组三角洲砂体分布广泛、厚度巨大，又加上岩石演化程度较高，成岩后生作用强烈，层间微裂缝、垂直构造缝和次生孔隙较为发育，因此延长组仍分布有众多有效储集层。由于长4+5及长6在纵向上覆于优质油源岩之上，横向上寓于优质油源岩区之中。在油气的运聚过程中有着近水楼台先得月之优势，因而一有机会就可首先捕获油气形成油藏。

（2）在整体低渗背景下发育相对高渗区，有利于高产富集区的形成。

湖盆中部延长组长6—长8沉积期主要为湖泊、三角洲及重力流沉积，碎屑颗粒粒度细，岩屑和杂基含量较高。粒度细、塑性颗粒含量高导致砂岩储层的抗压强度低，在成岩作用早期，压实作用强烈，大量的原生孔隙遭到破坏，总体特征为低孔、特低渗或超低渗，在已发现的中生界探明储量中常规储层油藏上要为侏罗系油藏，只占9.2%；低渗透油藏占10.2%，特低渗透岩性油藏占44.3%，超低渗透岩性油藏占36.3%。岩石类型决定延长组整体低渗背景下存在相对高渗区。正是由于相对高渗区带的存使得局部形成了石油高产富集区（赵靖舟等，2007，2012）。

（3）湖盆振荡发展构建了多种成藏组合类型，有利于大型岩性油藏的形成。

延长组沉积期鄂尔多斯湖盆水体振荡发展表现在两个方面，一是经历了多次的湖侵、湖退，另一个是沉积中心的振荡迁移。这两个方面控制了烃源岩与储集砂体在横向土尖灭或侧变，纵向叠置的沉积组合关系。最显著的一次湖侵为长8末期，形成了广泛分布的长7油层组优质烃源岩。长4+5油层组沉积期以湖泊沉积为主，三角洲相对不发育，沉积物以泥质沉积为主夹少量砂岩，或为砂岩与泥岩的互层沉积，厚度80~100m，构成了延长组中下部油藏的区域盖层。

（4）盆地腹部稳定的构造环境和平缓的构造格局为大油田的形成奠定了基础。

三叠纪，鄂尔多斯盆地在印度板块、环太平洋板块、欧亚板块的联合作用下，应力相互消长，形成了大型内陆坳陷盆地。长8油层组沉积末期，西秦岭的造山隆起，鄂尔多斯盆地南部形成了大面积深坳陷，沉积了一套厚度大、有机质丰富的烃源岩，为大油田的形成奠定了油源基础。

（5）构造运动控制了油气分配调整，具有幕式成藏的特征。

除继承性的不同期延长组渗透砂体是油气运移通道外，构造应力作用形成的节理或裂缝是延长组油气垂向运移的主要原因。

尽管鄂尔多斯盆地目前为低压盆地，但在地质历史时期延长组曾产生过较大的过剩压力，尤其是长7油层组，在生排烃高峰期时欠压实作用形成了超压（图2-12，图2-13）。

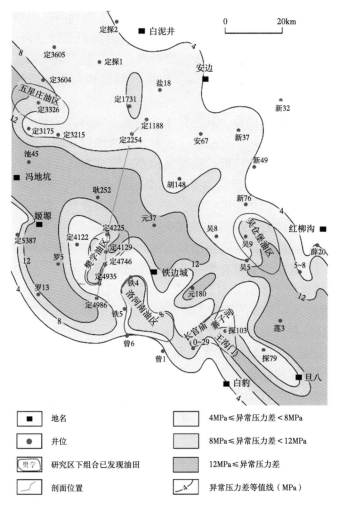

图2-12　鄂尔多斯盆地西部中区延长组深层已发现油藏与长7段—长8段过剩压力差关系图
（屈红军等，2019）

延长组储层油藏具有幕式充注的特征。包裹体记录了地史期存在的三次石油充注，分别为下侏罗纪末或白垩纪早期、早白垩世末、晚白垩末期。

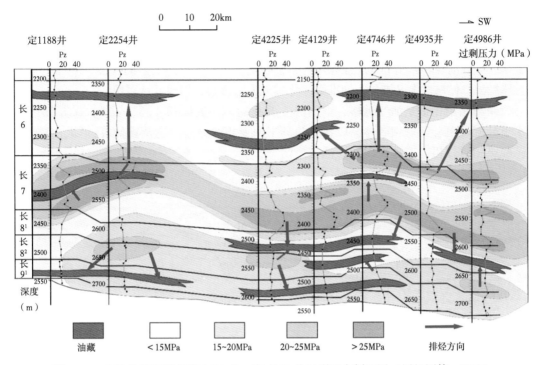

图 2-13　定边地区延长组定 1188 井—定 4986 井过剩压力剖面图（屈红军等，2019）

油藏类型与沉积环境密切相关，三叠系油藏以岩性油藏和构造—岩性油藏为主。岩性油藏多出现在临近烃源岩砂泥交互相三角洲沉积环境，靠近烃源岩的长 8、长 7、长 6 及长 4+5 砂层源源不断地接收大量的油气，被泥岩等致密岩体所包围圈闭的部分形成岩性油藏，未能圈闭的油气则继续运移到较远处。长 3 以上的油藏类型以构造—岩性油藏为主，构造作用控制圈闭明显加强。油藏类型总体变化趋势为延长组自下而上，油藏受构造条件控制逐渐加强，受岩性条件控制减弱。

2. 油气富集规律

对于三叠系延长组，由于为自生自储油气藏，距离油源岩较近，其储层处于优先获取油气的位置，长 6、长 8、长 4+5 三角洲前缘水下分流河道与河口沙坝砂体储层的隔挡和圈闭一般不存在问题，因而储层的物性是首要考虑因素（郭彦如等，2012）。

延长组油气富集规律认识：

三角洲河道沉积序列构成区内有利成油组合。长 2—长 8 期区内发育三角洲前缘、平原分流河道，岩性以砂岩、泥岩为主。由于断层的作用，这些砂体是油气运移的优先对象。这样三角洲分流河道砂体就和长 7 油源岩及断层组成良好的储集组合。

鼻隆构造和岩性差异压实突起区为油气聚集提供了有利圈闭条件。本区在区域上同处在印支期形成的西倾单斜构造带的背景上，所形成的鼻隆构造，以及由三角洲砂体叠加厚度带与相间泥岩薄层带在成岩过程中因岩性差异压实而形成的突起区，均是油气运移的主要指向区，尤其是两者复合带，加上周围或上倾方向受泥岩封堵，则为油气聚集提供了有利圈闭条件。

湖盆三角洲沉积具备良好的生储盖组合。湖盆三角洲沉积体系良好的生、储、盖配置条件，区内各三角洲体系在纵向上的生油层、储层和盖层组成完整的生、储、盖组合序列，在空间上由生油区、聚油区和圈闭区构成良好的配置。具体来看，长7期全区广泛发育厚度较大的（70~80m）黑色泥岩，有机质丰富、成熟度高，全区均位于有利生油区内；上覆长4+5、长2期三角洲前缘和三角洲平原亚相发育带，各类储集砂体纵向上多期叠加，平面上复合连片，厚度大；储层之上又被长1期准平原化的泥质岩覆盖，构成区域盖层。

三角洲储集相带是油气运移、聚集的主要指向。研究区长4+5、长6、长8三角洲前缘水下分流河道、河口坝砂体，以及三角洲平原亚相的分流河道及其侧翼砂体，砂岩密度大，粒级相对较粗，连片面积大，油气广泛分布。

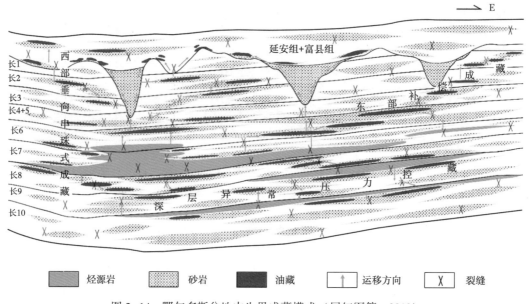

图2-14　鄂尔多斯盆地中生界成藏模式（屈红军等，2019）

二、侏罗系延安组油气聚集规律

前侏罗系古地貌控制了延长组上部和侏罗系油藏的分布。三叠纪末的印支运动使鄂尔多斯盆地整体抬升，上三叠统延长组顶部遭受到强烈风化及河流侵蚀等地质作用，形成水系广布、沟壑纵横、丘陵起伏的古地貌。前侏罗纪古地貌既控制了富县组及延安组下部沉积相带的展布，又为形成压实披盖构造奠定了基础，其斜坡带上的坡嘴、阶地及潜丘是延安组下部油藏勘探的有利地带。有利沉积相带与披盖构造的空间配置，为成藏圈闭提供了有利条件，同时古地貌斜坡以上地带地下水交替相对停滞，最有利于油藏的保存；再加之深切古河谷的发育既缩短了延安组下部储集体与油源层之间的接触距离，又为油气运移提供了良好的通道。因此，鄂尔多斯盆地南部前侏罗纪古地貌对延安组下部油藏的形成起着关键的控制作用。

侏罗系油藏的形成多与早侏罗古河道及临近的延长组油藏有较密切的联系，其分布多集中在距离古河谷较近的古残丘侧翼及压实构造与下覆地层隆起部位。延安组则是延 10 受构造影响强于延 8、延 9 油层组。

侏罗系延安组油藏以构造—岩性油藏和构造油藏为主。厚层状砂体高部位聚集的油藏多构造油藏，也有典型的披覆背斜构造油藏；分流河道砂体经压实作用一般形成构造—岩性油藏，部分地区油气被不整合面遮挡形成地层超理油藏。

1. 成藏条件

1）油源较充足

鄂尔多斯盆地中生界延长组属大型内陆湖泊沉积，深湖、半深湖泥岩十分发育，有机质类型为腐植—腐泥型，具有有机质丰度高、生油潜力大、有机质热演化成熟度适中、生油强度大等特点。其三叠系延长组生油岩累计厚度 140~240m，有效烃源岩厚度达20~120m；平均有机碳含量 2.54%，平均氯仿沥青"A"达 0.311%，总烃含量 391~5754.45μg/g，平均 2445.7μg/g。最大生烃强度达 $300 \times 10^4 t/km^2$，总生烃强度达 $407.1 \times 10^4 t/km^2$。

2）储层分布广泛

延安组为河流及三角洲平原沼泽相沉积。其中延 10+富县期砂岩为低弯度辫状河沉积，砂体在横向上呈树枝状展布，在纵向上为上平下凸的砂体，厚 0~200m，主要岩性为中—细粒，少数粗粒和砾状的长石质石英砂岩，岩石结构成熟度较高，具较好的储油物性和孔喉结构；延 9 砂体为三角洲平原沼泽相沉积，平面上呈带状、网状，总体上呈北北西、北西向延伸，剖面上为上平下凸的透镜体，厚 0~30m，向两侧迅速减薄、甚至尖灭；延 9 砂体主要岩性为中—细粒、细粒长石质石英砂岩，储油物性较好，较之延 10 具有更高的岩石结构均一性和更好的孔喉结构（中小孔中细喉型）。因此，侏罗系延安组有着好的含油气性，具有油层厚、物性好、油气分布广、油井产量高等特点，是本区最重要的目的层之一。

3）油气运移通道多

除继承性的不同期延长组渗透砂体是油气运移通道外，延安组初期的下切河谷是延安组油气运移的主要通道。

延安组发育多层煤层及三角洲平原沼泽或分流间湾相泥岩，成为延 9 及延 6 储层砂岩的区域性盖层，因而从延安组下切河谷或裂缝垂向运移的油气到延 9 及延 6 后被煤层或三角洲平原沼泽或分流间湾相泥岩封闭，形成延安组下生上储式生储盖组合。

2. 油气富集规律

对于侏罗系延安组，由于距离油源岩较远，油气在储层中的充满程度不是很高，其油气藏存在明显的油水分界面，比起储层的物性，良好圈闭是更应该首要考虑的因素。延安组底部下切河谷的一、二级古河谷砂体（延 10）往往不具备良好隔挡及圈闭条件，仅作为油气的运移通道，三、四级及以上的支流河道砂体往往具有良好隔挡及圈闭条件。因此，由差异压实作用引起的鼻状隆起上发育的三、四级及以上的支流河道砂体是侏罗系油气的勘探指向（屈红军，2003）。

砂体走向与构造走向相交，有利于形成构造—岩性油藏或者岩性—构造油藏。延安组和延长组有着不同的物源方向和砂体走向，前者物源来自西和西北方向的古陆，砂体走向为北西和北北西；后者物源来自北和北东方向的古陆，砂体走向为北北东和北东。而构造走向无论其形成时间若何，其走向均为北东东和北东。二者以 40°以上的角度相交，无疑在其相应的高部位极有利于形成构造—岩性油藏，并构成鄂尔多斯盆地中生界主要油藏类型（郭正权等，2008）。

沉积相的分布与油气的关系分析。辫状河砂体主要发育于富县及延 10 期早期，由于水态急流分选较差，泥质充填于碎屑颗粒之间，使得孔隙的连通性相对变差，所以多以油水层及水层形式出现。发育于河床相心滩部位的砂体，随着早期古地貌的隆起，末期在差异压实下所发育的压实构造顶部常见到好的油层，但砂体多成块状单砂体，这样易造成上下油水层连通而出水。边滩相与油气关系。曲流河边滩相是本区主要储集体之一，主要分布在主河床及支河床两侧，沿河流走向呈裙边状分布。本区延 10 发育的支河谷边滩由于远离主河道，地下水交换较弱，所以油气保存条件较好。同时边滩砂体的侧向迁移也易形成上倾方向的岩性致密遮挡，从而形成岩性圈闭。

构造与油气富集的关系分析。应力型构造在本区西缘十分明显，本区延安组的油藏几乎都分布在向南倾没的鼻状构造上，只有白垩世前形成的鼻状构造对早白垩世中期成熟的油气具有有效的圈闭作用。

油气运移与油气关系分析。裂缝在本区也比较发育，本区裂缝以垂直裂缝为主，裂面倾角高，裂缝宽窄不一。裂缝和断层对于油气的二次运移提供了通道，若遇较合适的圈闭或储集体，就会形成次生油藏。

目前已发现的侏罗系河道砂岩油田，均分布于二级古河道的两侧，富县及延安组的古河谷切割对油气的运移无疑起着十分重要的作用。地下水的活跃程度对油藏的封闭性和二次运移有一定影响，距离主河道近地下水交替活跃，原油受氧化程度高，比重黏度也相对较大。

第三章 樊学油区油藏地质特征

第一节 樊学油区多物源交会沉积体系

一、沉积相标志

1. 岩石颜色

颜色是鉴别岩石、划分和对比地层、分析判断古地理的重要依据之一。研究区内泥岩颜色为灰黑色—黑色，质地不是很纯，多为含粉砂质泥岩，普遍含有植物化石。砂岩颜色为浅灰绿、灰绿色，其中的灰色反映了岩石的碎屑颗粒颜色，绿色是由于岩石中含有绿泥石所致。延安组为一套含煤岩系，属三角洲平原分流河道—沼泽相沉积；岩石矿物学特征以灰白色、浅灰色长石质石英砂岩为主，岩石结构成熟度较好，砂岩储油物性较好。研究区长 8 储层的砂岩，以浅灰色和灰色为主，有油气显示的砂岩为灰褐色，泥岩则以深灰色和灰黑色为主。无水上氧化条件下的红色沉积和湖岸线过渡带内的杂色泥岩，表明碎屑物沉积时总体上处于水下环境，表现为还原或弱还原环境条件下的产物。长 7 地层为一套黑色、灰褐色深湖相的泥岩或粉砂质泥岩。延长组长 6 以上地层为一套深灰、灰绿色碎屑岩系，属河流—三角洲—湖泊相沉积；岩石以岩屑质长石石英砂岩为主，长石组分含量较高，石英较低，岩石的结构成熟度较差，砂岩储油物性较差，素有磨刀石之称。因此，从研究区岩心颜色来看，长 8、长 6、长 4+5 地层沉积时为还原环境，长 2、延安组地层沉积时为弱还原甚至氧化环境。

2. 沉积构造

碎屑岩中的沉积构造，尤其是物理成因的原生沉积构造，最能反映沉积物形成过程中的水动力条件。原生沉积构造一般在成岩阶段受影响较小，所以一直被视为分析和判断沉积相的重要标志。

陕北地区普遍的沉积构造有以下几种：

冲刷面构造在本地区延长组长 8、长 6、长 2、延安组地层较为常见。冲刷面之上经常可见到较多的泥质滞留沉积，反映水动力条件的突然增强。在高分辨率层序地层学分析中，冲刷面经常可以被作为不同级别的层序界面。

块状层理：泥岩中的块状层理代表着安静的沉积水动力环境；而砂岩中的块状层理则代表连续、稳定的沉积过程，长 6 顶部砂岩常常具有块状层理结构（图 3-1a，b）。

平行层理，主要发育于细砂以上粒级的砂岩中，它是急流态的产物，由于流水的推移与冲刷，平坦床砂上可以形成一系列厚度相当于颗粒大小的平行流水的剥离线理，细层厚度 1~5mm 之间，层面常含有较多的片状矿物，这是在周期性变化的高流态下平坦砂床迁移而形成，常见于分流河道上部（图 3-1c）。

图 3-1　定边油田樊学油区各油层组不同层理构造

a. 块状层理，定 4545，长 6；b. 块状层理，定 4632，长 6；c. 细砂岩中的平行层理，水下分流河道沉积，定 4616，长 8，2535.5m；d. 细砂岩中的斜层理，水下分流河道沉积，定 4545，长 8，2208.2m；e. 脉状层理，定 4227，长 4+5，2611.5m；f. 粉—细砂岩、泥岩中的包卷层理，定 4632，长 4+5，2122m；g. 煤层发育，定 4192，1794.2m；h. 砂岩中有泥粒沉积脉状层理，定 4192，1800m。

水平层理常见于泥页岩、粉砂质泥岩中，其纹层细薄清晰且彼此平行。反映沉积物是在一种低能环境中由悬浮物质缓慢沉积形成。常见于泛滥平原沼泽环境沉积地层中。

沙纹交错层理多见于粉细砂岩中，细层倾角缓，一般小于 10°，单层厚 1～2mm，层系厚度一般小于 3cm，沙纹层理属于小型交错层理。层面富含炭屑和泥质，反映不明显的单向水流作用特点，有时具双向水流特征，表明水体动荡多变，是在水动力条件较弱的条件下形成的，多见于环境比较安静的浅水沉积环境中（图 3-1c，d）。

槽状交错层理是指层系下界面呈槽状向下凹曲的细层组成。在垂直流向的剖面上，层系厚度一般为数十厘米。研究区槽状交错层理主要为小型交错层理，层系厚度一般介于15～30cm，细层约 1～2cm，主要发育于分流河道微相中，反映水流对下伏沉积物有轻微的冲刷作用（图 3-1e，f）。

变形构造与沉积物的液化作用有关，在沉积速率高、沉积界面具有一定坡度的沉积物内出现，属于准同生变形构造，形成于沉积物沉淀之后、固结成岩之前，形成同生变形构造的原因主要有：重力滑塌作用、沉积物液化作用、沉积物的不均匀负荷及流动形成的拖曳剪应力等。研究区可见一些包卷层理、滑塌构造、火焰状构造等，即属于变形构造。

压扁层理是在波谷及部分波脊上含有泥质条纹的沙纹层理，这种层理的岩层以砂质沉积物为主，泥质沉积物一般不连续。透镜状层理是在泥基质中夹有砂质透镜体，泥质含量较高，砂质透镜体一般彼此不相连。波状复合层理是上述两种层理之间的过渡类型，形成砂泥互层，泥质层与砂纹层呈连续的交替的层理。这三种层理常相互过渡，并相互伴生形成复合层理。复合层理在本区常见于三角洲前缘沉积中。

楔状交错层理的特征是两层系的界面平坦，但彼此不平行，层系因厚度变化呈楔形。反映了水流方向的变化或者水动力条件的增强。在本研究区，楔状交错层理主要形成于三角洲前缘席状砂微相向水下分流河道微相转变的部位，其底部一般较平坦，细层厚度较小，向上细层厚度陡然增大，前积角度增大。

此外，研究区储集砂体中发育反映性标志的沉积构造，如虫孔构造、煤层。岩石的粒序变化等（图3-1g，图3-1h）。

3. 粒度分析

沉积物的粒度分布受沉积时水动力条件的控制，是反映原始沉积状况的直接标志，可直接提供沉积时的水动力条件，其中包括了解搬运介质性质，判断搬运介质的能量和能力，确定搬运方式等，从而为沉积环境分析提供重要依据。

根据陕北地区相关粒度分析资料可以看出，该区长8、长4+5、长6砂岩粒度以细砂岩为主，粉细砂岩次之。延安组砂岩粒度以中、细砂岩为主，粉细砂岩次之。岩性的粗细与搬运距离和沉积环境有关，靠近物源方向岩性较粗，向湖区方向岩性越来越细，说明长8、长6、长4+5沉积物经过了长距离搬运后，进入三角洲平原和三角洲前缘。长2、延安组沉积物搬运距离明显比延长组短。

依据沉积物概率累积曲线特征，将本区延长组和延安组概率累积曲线均以两段式为主。两段式曲线主要由跳跃总体和悬浮总体组成，在研究区最为常见。

研究区长8、长6及长4+5砂岩概率累计曲线反映了水下分流河道沉积微相的两段式粒度概率累积曲线（图3-2）和河口坝沉积微相的三段式粒度概率累积曲线（图3-3）。二段式以跳跃式为主（一般占90%~95%）悬浮总体含量小于10%，截点明显。悬浮组分含量较少，反映水动力条件相对较强，且较稳定，悬浮组分不易沉积下来，一般出现在水下分流河道的中部。三段式的粒度概率累积曲线跳跃部分由两段组成，体现出跳跃到悬浮的过渡特征，河口坝沉积相带比较常见。

4. 测井相分析

测井相分析是指利用有效的测井方法所获得的地下岩层信息来判断和划分沉积相。首

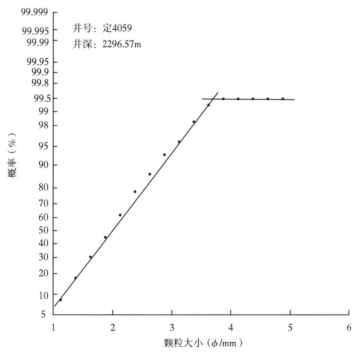

图3-2　水下分流河道微相两段式粒度概率累计曲线（定4059井）

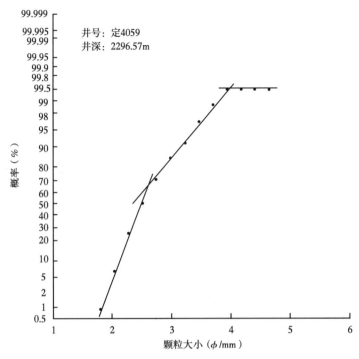

图 3-3　河口坝微相三段式粒度概率累计曲线（定 4059 井）

先在取心井中选择有效的测井方法，根据测井曲线形态或参数划分测井相，然后与岩心分析的测井相进行相关对比，建立测井相模式，以此为标准，对各井进行测井相分析。

不同的沉积微相形成时物源、水流能量等都有差别，这些差别会导致沉积物组成、结构、组合形式及垂向变化等不同，并且能够从测井信息中提取出来。从自然电位、自然伽马和电阻率等常规测井的曲线特征如曲线的韵律、平滑度、幅度、接触关系和组合形态等特征反映不同沉积微相，从而为划分沉积微相提供了依据。它们分别从不同方面反映地层的岩性、粒度、泥质含量和垂向变化等特征，不同的沉积微相所对应的测井相特征有所差异。在本次研究中，首先对取心井段的岩石颜色、成分、岩石类型组合、结构、沉积构造等进行分析，确定其沉积微相。然后将其与所对应的测井曲线进行对比，找出研究区的测井曲线特征，从而确定盆地内未取心井研究层位的沉积微相。结合现场岩心描述、沉积构造等资料，总结出樊学油区延安组与延长组各油层组测井相的特征（表 3-1）。

表 3-1　樊学地区延 9、长 4+5、长 8 油层组测井相标志特征

测井相	GR、SP 曲线形态	沉积构造	韵律	电位曲线形态
水下分流河道（分流河道）		板状、槽状交错层理，块状层理，平行层理等	正韵律或复合韵律	钟形、箱形、叠置钟形，齿化箱形
河口坝		低平槽状交错层理，沙纹交错层理等	反粒序	漏斗形，齿化漏斗形，复合漏斗形

续表

测井相	GR、SP 曲线形态	沉积构造	韵律	电位曲线形态
前缘席状砂		小型交错层理及波纹层理	反粒序	低平漏斗形，齿状
水下决口扇或水下天然堤		小型交错层理、波状层理或层理不显	正韵律	钟形，较低缓，有时呈锯齿状
水下分流间湾（分流间湾）		小型交错层理波纹层理，水平层理	复合韵律	较平缓，有时呈锯齿状，低平指状

测井资料反映研究区延长组储层主要发育辫状河三角洲前缘亚相沉积。其中水下分流河道主要是细、中砂岩，自然电位曲线呈箱形，声波时差曲线低值，自然伽马曲线呈齿状箱形。分流间湾主要由泥岩、粉砂质泥岩及粉砂岩等组成，自然电位曲线低平夹微幅负异常，声波时差曲线中高值，自然伽马曲线高值，呈尖峰状。前缘席状砂由细砂岩或粉砂岩组成，其间为泥岩所隔开，自然电位曲线和自然伽马曲线表现为中等幅值的尖峰状。水下天然堤则主要由极细砂和粉砂组成，常与水下分流河道砂岩和水下分流间湾泥岩共生，自然电位曲线呈中—低幅齿状。

二、沉积相类型

1. 沉积相划分原则

研究区沉积相划分是从岩心资料入手，以沉积构造、岩性特征、电性特征、粒度特征等为手段，结合区域沉积背景、垂向沉积序列和沉积相共生组合关系，立足于单井沉积微相综合分析，进行井间相剖面对比，最终对主要含油层段进行平面上相区划分。

2. 沉积相类型划分

根据沉积结构、构造、古生物化石及测井相的综合反映，结合研究区的古地理位置，延长组长 8、长 6、长 4+5 时期三角洲前缘亚相进一步划分为以下沉积微相：三角洲前缘分流河道、分流间湾、河口坝、水下天然堤和水下决口扇等。长 2 时期沉积微相主要为三角洲平原分流河道、泛滥平原、水上天然堤和水上决口扇等。延安组延 9 网状河流亚相进一步划分为网状河道、泛滥平原、天然堤、决口扇等沉积微相（表 3-2）。各微相沉积特征分述如下。

表 3-2　樊学地区延长组、延安组沉积微相划分

层位	相	亚相	微相				
延 8	河流	平原网状					
延 9	河流	平原网状	网状河道	泛滥平原	天然堤	决口扇	
长 2	三角洲	平原	分流河道	泛滥平原	水上天然堤	水上决口扇	
长 4+5	三角洲	前缘	分流河道	分流间湾	水下天然堤		
长 6	三角洲	前缘	分流河道	分流间湾	河口坝	水下天然堤	水下决口扇
长 8	三角洲	平原前缘	分流河道	分流间湾	河口坝	水下天然堤	水下决口扇

1）长 8 三角洲前缘亚相

湖相三角洲与海相三角洲沉积亚相的划分相同，通常分为三角洲平原、三角洲前缘和前三角洲三个亚相带，在研究区主要发育三角洲前缘亚相。

研究区长 8^1 储层砂体类型繁多，砂层下部为粉砂岩、泥质粉砂岩与粉砂质泥岩薄互层，上部为厚层状细砂岩。自然电位曲线为多个箱形曲线的叠加，自然伽马曲线低值，呈齿状箱形。研究区可分为水下分流河道、分流间湾、水下天然堤及前缘席状砂等微相，三角洲前缘河口坝、远沙坝普遍不发育，其中水下分流河道沉积作为其骨架相十分发育（图 3-4）。

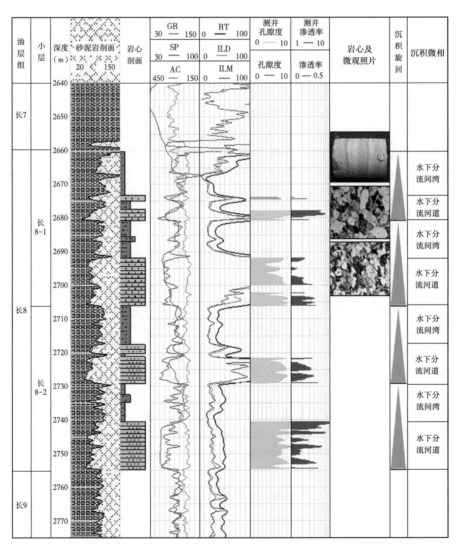

图 3-4　定边樊学地区定探 4069 井长 8 油层组沉积微相分析

（1）水下分流河道。

水下分流河道是陆上分流河道的水下延伸部分，也称为水下分流河床。当其向湖盆延伸过程中，将逐渐变浅、变宽，分叉增多，直至消失。沉积物以砂、粉砂为主。常发育交错层理、波状层理及冲刷—充填构造，并见层内变形构造。垂直流向剖面上呈透镜状，侧向则变为细粒沉积物。

研究区三角洲前缘水下分流河道砂体在纵向剖面上具有下粗上细的正旋回特点，反映其随着沉积物的不断加积，水动力条件逐渐减弱的沉积环境。从岩性特征上看主要为灰色厚层状细砂岩，细—粉砂岩组成，此外夹少量粉砂岩、泥质粉砂岩和粉砂质泥岩。三角洲前缘水下分流河道砂体的自然电位曲线呈箱形，自然伽马曲线为齿状箱形，薄层砂岩段自然电位曲线及自然伽马曲线呈指状或尖峰状。

（2）分流间湾。

分流间湾位于三角洲前缘水下分流河道砂体之间的滨浅湖区。当三角洲向前推进时，在分流河道间形成一系列尖端指向陆地的楔形泥质沉积体，称为"泥楔"。故分流间湾以黏土沉积为主，含少量粉砂和细砂。具水平层理及透镜状层理，生物扰动构造及虫孔较发育。研究区内分流间湾微相多由泥岩、粉砂质泥岩及粉砂岩组成，自然电位曲线低平夹微幅负异常，声波时差曲线中高值，自然伽马曲线高值，呈尖峰状。

（3）前缘席状砂。

前缘席状砂是由三角洲前缘的河口坝经湖浪冲刷作用改造而成，这种砂体主要分布在三角洲前缘的边缘，其特点是砂体分布面积大而厚度较薄。席状砂的砂质纯净、分选好。研究区前缘席状砂多由细砂岩或粉砂岩组成，其沉积构造常见有平行层理和水流线理。自然电位曲线、自然伽马曲线表现为中等幅值的尖峰状。

（4）水下天然堤。

水下天然堤是陆上天然堤的水下延伸部分，为水下分支河道两侧的砂脊，常呈带状分布在水下分流河道的侧旁。研究区水下天然堤沉积物多为极细的砂和粉砂，常夹含植物碎片的泥质薄层，层内可见冲刷—充填构造、包卷层理和虫孔等。自然电位曲线呈中—低幅齿状。

2）长6、长4+5三角洲前缘亚相

研究区延长世长8、长6期主要为三角洲前缘亚相沉积，湖岸线沿定边—安边一线以北呈西北—东南向弧形分布。主要沉积微相有水下分流河道、河口坝和分流间湾等，局部发育水下决口扇和水下天然堤微相（图3-5）。

（1）分流河道。

三角洲前缘水下分流河道是三角洲平原分流河道的水下延伸部分，分布面积广，是前缘骨架相。在区内由东北水系形成的三角洲体系中，与平原分流河道既有相似，也有区别。相似表现在河型比较顺直，岩性、电性及砂体几何形态等方面都具有相似性。区别在于所处的沉积环境不同，沉积相共生组合不同，水下分流河道常与水下分流间湾、水下天然堤相毗邻。平原分流河道与分流间洼地、天然堤和决口扇环境共生，并且具陆地标志，如植物化石、虫孔等。粒度概率累积曲线主要为跳跃和悬浮二段式构成，偶见一段式，以跳跃组分为主。平面上粒度上游粗下游细，垂向上呈多层正韵律砂层叠加，形成向上变细的正粒序剖面结构。电测曲线特征为箱状、钟状。

另外，在三角洲推进过程中，剖面结构上经常显示水下分流河道砂体的底部与河口砂坝或水下越岸沉积形成的截切超覆关系，往往河道底部与下伏地层多成冲刷—充填接触关系，砂体底部以中砂为主，有时发育泥砾段，形成滞留混合沉积，这些泥砾多具有定向

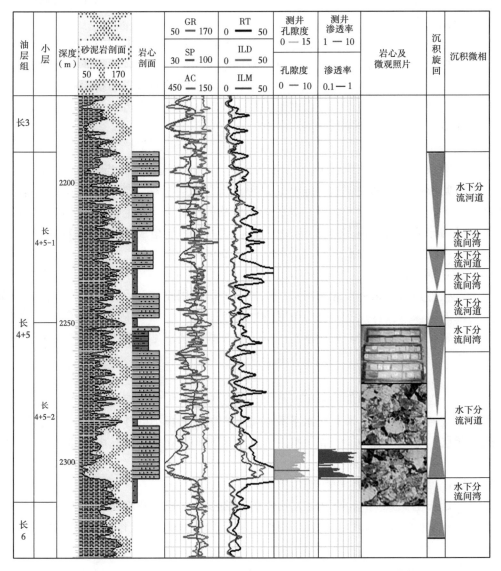

图 3-5 定边樊学地区定探 40002 井长 4+5 油层组沉积微相分析

性，有的近平行排列。异地泥砾在颜色和成分上与围岩有很大差异，泥砾段厚度一般为
4~15cm，直径 0.5~4.0cm 不等，磨圆很差，呈泥屑或被水流撕裂的撕裂屑状。顶部与水
下天然堤呈渐变关系构成连续向上变细的正韵律，单个水下分流河道砂体的电测曲线呈中—
高幅钟形或指形。有时在多个水下分流河道叠置的主砂带内，多期水下分流河道依次截切
超覆，常常造成下伏河道砂岩上部的细粒天然堤沉积被侵蚀掉，从而形成多个砂体连续叠
置关系。自然电位曲线呈中—高幅钟形或箱形，这种多个水下分流河道叠置形成的砂岩段
物性好，砂层厚度大，层内非均质性弱，平面上连通性好，带状分布，它不仅是油气的主
要运输通道，也是油气的主要储集场所。

（2）河口坝。

河口坝是携带大量泥沙物质的河流注入湖泊水体时，在河口由于分流、湖水的顶托抑

制作用而流速骤减，导致河流携带的大量载荷快速堆积下来形成的厚度较大，结构均匀的砂质沉积体，颗粒分选较好。由于在三角洲垛体进积过程中，河口坝主体部分往往会逐渐向前推移，依次覆盖在河口坝尾部和前三角洲泥之上，岩性以粉细砂岩或泥质粉砂岩为主，分选较好，发育低角度（楔形）交错层理或S形纹理，因此在平面上形态多呈长轴方向与河流方向平行的椭圆形，纵向上形成了向上由细变粗的反旋回序列，河道砂底面与湖相泥岩直接呈冲刷接触，并构成识别三角洲的重要标志。

沉积构造以砂纹层理多见。具有向上变粗的反韵律，底部为具波状层理的泥质粉砂岩、粉砂岩，向上变为细砂岩。河口砂坝的中上部一般孔渗条件较好，可以作为理想的储集层。

测井响应剖面序列中，河口砂坝多位于自然电位曲线负偏最大幅度的下方，曲线幅度低于其上部的水下分流河道，高于下部的席状砂或远砂坝，以漏斗形或台阶状漏斗形为主。由于底部泥岩夹层增多，自然伽马曲线向下幅度升高。河口砂坝微相沉积岩性主要是细砂岩、泥质粉砂岩。

（3）水下分流间湾。

位于三角洲前缘水下分流河道之间的小型洼地环境，水体与下游方向开阔湖水相通，向上游方向收敛。处于宁静的低能环境中，有间歇湖浪改造作用。一般以接受洪水期水下分流河道溢出和相对远源的悬浮泥沙均匀沉积为主，常形成一系列小面积的尖端指向上游的泥质楔形体。岩性为深灰色泥岩和泥质粉砂岩的韵律薄互层。沉积构造以水平和沙纹状层理为主，次为波状层理。泥岩中化石较丰富，以碳化植物为主，大多呈茎干和叶片沿层面密集分布和局部构成煤线产出，常见水生芦木，不仅具植物化石丰富的特点，且显示与洪水期外部搬运物有关，并非环境沼泽化生物。同时生物扰动作用强烈，钻孔构造（垂直、水平虫孔）较为发育，砂泥层滑塌变形、包卷构造常见。它与分流间洼地区别在于相的共生组合和岩石地球化学特征不同。

在剖面结构上，该微相往往位于水下天然堤之上，自然电位和伽马曲线形态呈低幅度微齿或线状。

（4）水下天然堤。

水下天然堤是溢出水下分流河道的泥沙在河道两侧快速堆积形成的堤状沉积体，横剖面呈背向河道方向迅速变薄的楔形体。岩性以灰、深灰色泥质粉砂岩、粉砂质泥岩为主，略具向上变细变薄的粒序性，韵律层序的厚度为 0.5～1.5m；粒度曲线上显示粒度较细，粒度中值在 4～5φ 之间，泥岩含量明显增多。悬浮组分角度在 30°～45° 之间。层内以发育爬升层理、沙纹层理和水平层理为主，次为浪成沙纹层理、变形层理，显示该微相为密度相对较高的流体快速堆积作用的产物，但处于有湖浪改造作用的浅水环境。所含化石稀少，但保存良好，多为较完整的碳化植物茎干和叶片化石，生物扰动钻孔构造、滑塌构造较为常见。上部有时见直立的碳化根系，显示水下天然堤为离湖水面较近的水下局部高地，沉积物一旦堆积后较稳定，有利于水生植物生长。剖面上常覆盖在水下分流河道之上，上部有时被水下分流河道截切而保存不完整，自然电位曲线呈指状。

3）延9网状河流相亚相

延9期沉积相属于准平原地层之上发育的网状河流。网状河是由窄而深、顺直到弯曲、相互连接的低坡度网状水道形成的交织河网系统。通常由河道、天然堤、决口扇、湿地、湖泊和沼泽等地貌单元组成，相应的主要微相有以下沉积特点（图3-6）。

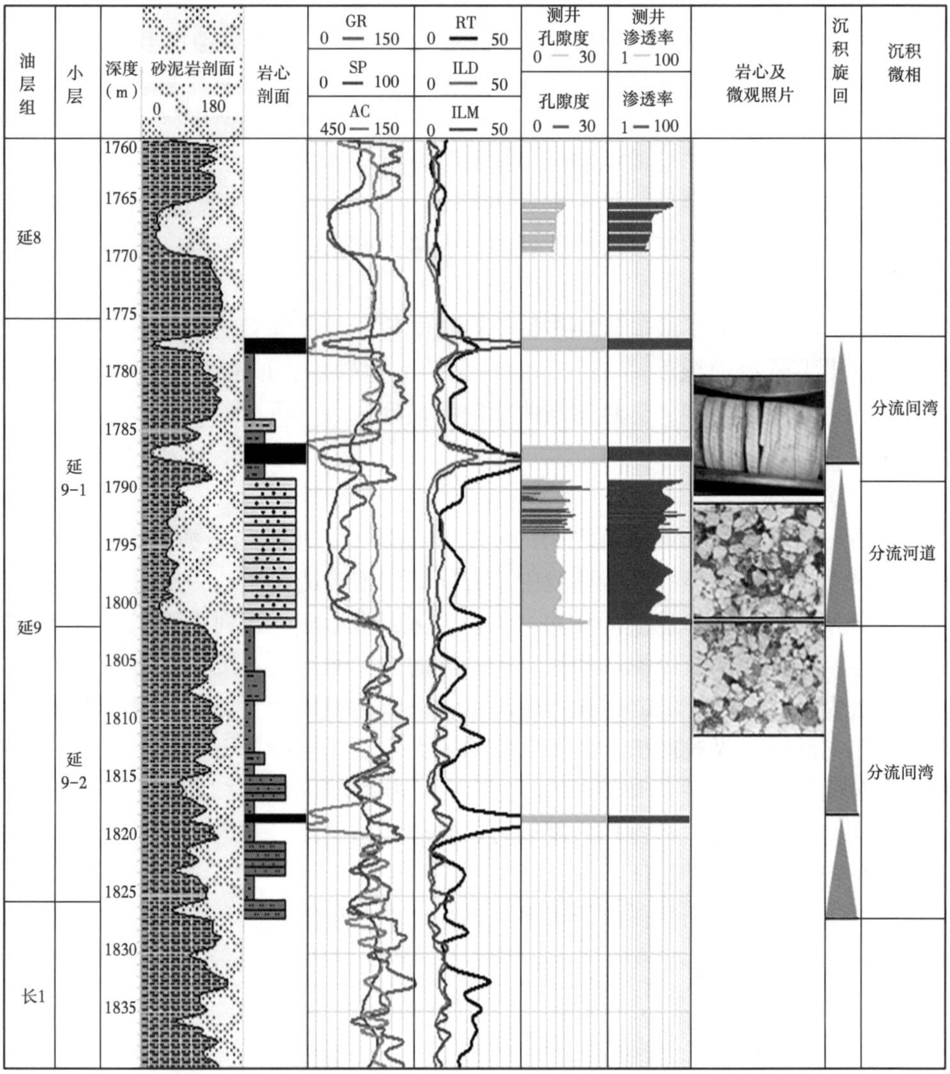

图3-6　定边樊学地区定探4981井延9油层组沉积微相分析

（1）网状河道。

岩性以灰色含砾粗—中粒砂岩为主，沉积韵律呈周期性正旋回，发育大型槽状层理和斜层理，常见冲刷构造及滞留沉积。

（2）天然堤微相。

岩性以灰色细砂岩为主，沉积韵律呈正旋回，发育槽状交错层理和板状交错层理，自然电位曲线呈箱形或钟形。

（3）决口扇微相。

岩性以灰色细砂岩、粉砂岩组成，粒度比天然堤沉积物稍粗。具有小型交错层理、波状层理和水平层理，冲蚀与充填构造常见，常见植物化石碎片。岩体形态呈舌状，向河漫平原方向变薄、尖灭，剖面上呈透镜状。

（4）泛滥平原微相。

特征与曲流河的河漫沉积相类似，是由河漫沼泽、泥炭沼泽、河漫湖泊组成，也称为河间湿地。沉积地层以细粒溢岸沉积物为主的特点，泛滥平原分布极为广泛，几乎占到河流全部沉积面积的 60%~90%，富含泥炭的粉砂和黏土是网状河流占优势的沉积物。岩性组合由灰黑色泥岩、深灰色粉细砂岩组成，发育水平层理和波状层理，泥岩富含植物化石和植物炭屑，偶见虫孔、虫迹构造，自然电位偏正，声速曲线呈尖峰状高值。

三、沉积相平面展布

研究区长 4+5、长 6、长 8 整体处于水下沉积，三角洲前缘水下分流河道微相为长储层的骨架相。受东北、西南方向物源的控制，研究区长 4+5 以上地层沉积期水下分流河道展布方向总体呈现北东—南西向。长 2、延安组整体处于水上沉积，沉积相属于准平原地层之上发育的网状河流。分流河道微相为延安组储层的骨架相。受东北、西南方向物源的控制，研究区长 2 以上地层沉积期分流河道展布方向总体呈现北东—南西向。上述各沉积相带的平面变化基本上呈条带网状展布，砂体的发育情况则受控于沉积相的展布。

1. 长 8 沉积相平面展布

长 8 期研究区主体发育三角洲前缘沉积（图 3-7 和图 3-8）。长 8 油层组发育西北、东北两个方向的浅水台地型三角洲前缘沉积，其中西北方向的三角洲前缘沉积占主导地位，不同方向浅水三角洲前缘水下分流河道的分布具"沿河口带变宽并叠置连片"的规律。西北方向和东北方向各发育三支水下分流河道沉积，两个方向的水下分流河道在张塬畔地区叠置连片。长 8^1 期水下分流河道相对长 8^2 期发育。

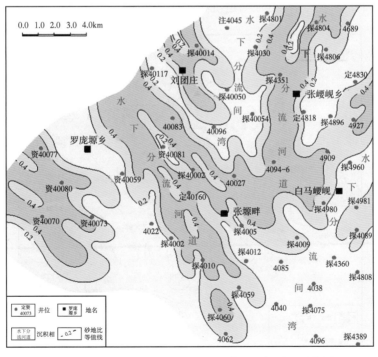

图 3-7 定边樊学—罗庞塬地区长 8^2 沉积相平面展布图

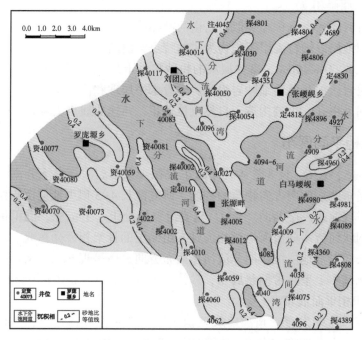

图 3-8　定边樊学—罗庞塬地区长 8^1 沉积相平面展布图

2. 长 4+5 沉积相平面展布

长 4+5 期研究区主体发育三角洲前缘沉积（图 3-9 和图 3-10）。长 4+5 油层组发育东北方向的浅水台地型三角洲前缘沉积，长 4+5^1 期相对长 4+5^2 期水下分流河道作用减弱。长 4+5 期共发育四支水下分流河道沉积。

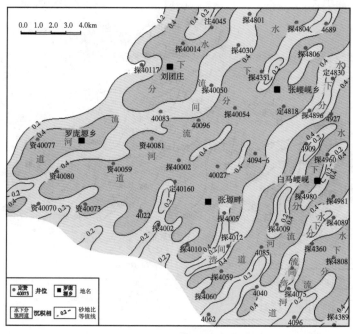

图 3-9　定边樊学—罗庞塬地区长 4+5^2 沉积相平面展布图

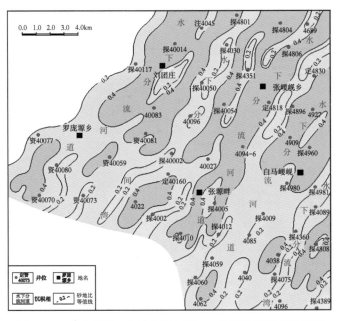

图 3-10　定边樊学—罗庞塬地区长 $4+5^1$ 沉积相平面展布图

3. 延 9 沉积相平面展布

延安组延 6、延 8、延 9 储层以网状河道砂体为主，发育由北北东向南南西流经本区的网状河道，呈现分流河道窄而延伸较远的特点，滨河沼泽相发育广泛，同时延安组延 6、延 8、延 9 储层沉积相具有一定的继承性。

延 9 期研究区主体发育三角洲平原沉积（图 3-11 和图 3-12）。延 9 油层组发育西南

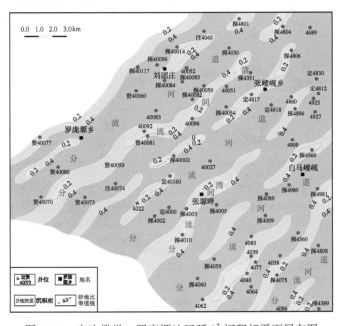

图 3-11　定边樊学—罗庞塬地区延 9^2 沉积相平面展布图

方向的三角洲平原沉积，延91期相对延92期分流河道作用减弱。延9期共发育四支分流河道沉积。

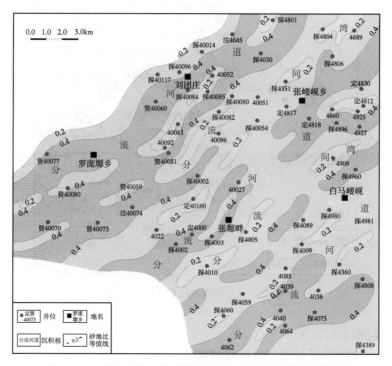

图3-12　定边樊学—罗庞塬地区延9¹沉积相平面展布图

第二节　储层特征

一、储层基本特征

1. 储层的岩石学特征

1）储层结构特征

（1）延9油层组。

从岩石的组成特征看，定边罗庞塬地区延9段的储集岩石类型主要为浅灰色中—粗粒石英砂岩、岩屑石英砂岩（图3-13），砂岩成分及结构成熟度中等—较高。

可以看出，砂岩粒度总体来讲，延9段砂岩以中粒结构为主，局部为粗粒，主要粒径分布范围为0.25～0.40mm，平均粒径为0.38mm，最大粒径为0.50mm。碎屑颗粒以次圆状为主，分选中等，常呈线状接触，颗粒以孔隙式胶结为主，颗粒支撑。

（2）长4+5、长8油层组。

研究区延长组长4+5、长8主要岩石类型为浅灰绿色细粒长石砂岩（图3-14），砂岩成分及结构成熟度较低。

砂岩粒度总体来讲，长4+5和长8段砂岩以细粒结构为主，少量为粗粉砂，主要粒径分布范围为0.08～0.17mm，平均粒径为0.14mm，最大粒径为0.45mm。碎屑分选中等，局部较差，颗粒磨圆中等，以次棱角为主。胶结类型主要为孔隙式胶结。碎屑接触方式主要为线接触，碎屑支撑性质为颗粒支撑。

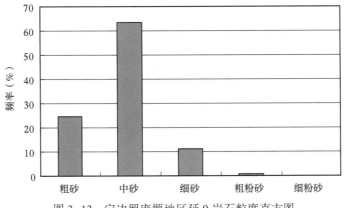

图 3-13　定边罗庞塬地区延 9 岩石粒度直方图

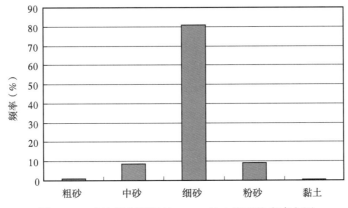

图 3-14　定边罗庞塬区长 4+5、长 8 岩石粒度直方图

2）成分特征

（1）骨架颗粒特征。

①延 9 油层组。

研究区延 9 油层组砂岩的碎屑颗粒成分占比在 87.00%～92.00% 之间，平均占比为 90.625%，成分主要为岩屑质石英砂岩，石英砂岩次之（图 3-15）。

经过统计，石英、长石和岩屑三者含量如下：

石英：含量为 72.00%～90.00%，平均含量为 82.56%；

长石：含量为 3.00%～12.00%，平均含量为 7.93%；

岩屑：含量为 5.5%～15%，平均含量为 9.38%。

石英与岩屑是延 9 砂岩的主要碎屑颗粒组成，几乎不发育长石。云母和重矿物总量小于 2%。岩屑主要由变质岩岩屑和沉积岩岩屑，岩浆岩岩屑含量较少。

② 长 4+5 油层组。

研究区延长组长 4+5 油层组砂岩的碎屑颗粒成分占比在 62.00%～88.00% 之间，平均占比为 80.17%，碎屑成分主要以长石、岩屑为主（图 3-16）。根据石英、长石、岩屑的相对含量认为，长 4+5 油层组具有高长石、低石英的特点。

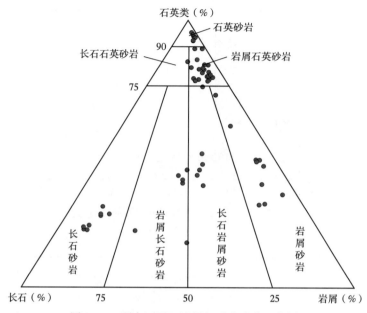

图 3-15 研究区延 9 油层组砂岩成分三角图

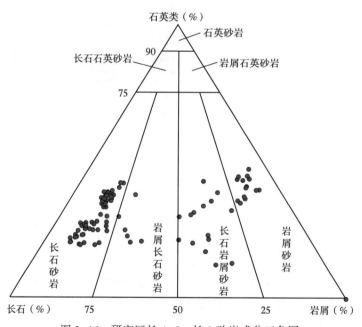

图 3-16 研究区长 4+5、长 8 砂岩成分三角图

经过统计，石英、长石和岩屑三者含量如下：

石英：含量为 20.6%~47.00%，平均含量为 32.1%；

长石：含量为 33.00%~66.00%，平均含量为 45.1%；

岩屑：含量为 6.00%~19.00%，平均含量为 7.61%。

长石颗粒是长 4+5 油层组的主要碎屑颗粒组成，石英及岩屑含量较低。云母和重矿物不太发育，整体上小于 2%。岩屑主要由变质岩岩屑和岩浆岩岩屑，沉积岩岩屑含量较少。

③长 8 油层组。

研究区延长组长 8 油层组砂岩的碎屑颗粒成分在 82.00%～85.00% 之间，平均占 84.25%，碎屑成分主要以石英、长石为主（图 3-16）。经过统计，石英、长石和岩屑三者含量如下：

石英：含量为 26.00%～61.00%，平均含量为 43.55%；

长石：含量为 17.00%～60.00%，平均含量为 36.75%；

岩屑：含量为 12.00%～32.00%，平均含量为 19.7%。

石英是长 8 油层组的主要碎屑颗粒组成，长石和岩屑含量较少。长 8 岩屑类型具有分区性，中、西部地区以变质岩岩屑和沉积岩岩屑为主，岩浆岩岩屑含量较少，东北区地区以变质岩岩屑和岩浆岩岩屑为主，沉积岩岩屑含量较少。

（2）填隙物特征。

① 延 9 储层。

延 9 油层组填隙物成分在 8.00%～13.00% 之间，平均含量为 9.37%。填隙物成分主要有高岭石（2.0%～5.0%，平均值 2.9%）、方解石（0.5%～3.5%，平均值 2.1%）、伊利石（0.5%～1.5%，平均值 1.1%）、绿泥石（0～1.0%，平均值 0.3%）和硅质胶结物（1.0%～2.5%，平均值 1.5%）（图 3-17）。可以看出，延 9 储层胶结物以高岭石为主，碳酸盐胶结物主要为方解石，伊利石、绿泥石和硅质胶结物占次要部分。

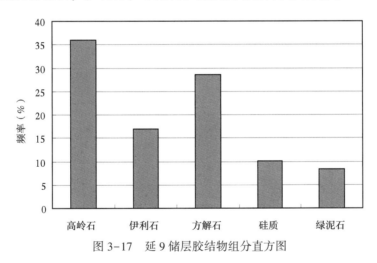

图 3-17　延 9 储层胶结物组分直方图

镜下可观察到典型的高岭石胶结物。在储层中也能观察到方解石连晶胶结及伊利石胶结物，绿泥石及硅质胶结物发育较差。延 9 储层杂基含量基本在 0.5%～2.5% 之间。

②长 4+5 储层。

长 4+5 储层填隙物成分在 14.00%～38.00% 之间，平均含量为 20.7%。填隙物成分主要有铁方解石（0.5%～25.0%，平均值 6.8%）、伊利石（0.5%～4.0%，平均值 2.3%）、硅质胶结物（1.0%～2.0%，平均值 1.6%）、方解石（0～3.8%，平均值 1.3%）、高岭石（0～2.0%，平均值 0.9%）和绿泥石（0～1.5%，平均值 0.9%）（图 3-18）。碳酸盐胶结物主要为铁方解石及伊利石。

镜下可见铁方解石连晶状充填孔隙，伊利石结晶非常明显，可见少量晶间微孔，硅质加大发育。长4+5组杂基含量基本在5%~9%之间。

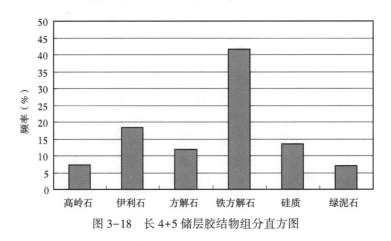

图3-18　长4+5储层胶结物组分直方图

③长8储层。

长8储层填隙物成分在15.00%~20.00%之间，平均含量为16.8%。填隙物成分主要有铁方解石（3.5%~8.5%，平均值4.9%）、硅质胶结物（1.5%~2.4%，平均值1.9%）、伊利石（1.5%~2.0%，平均值1.7%）、方解石（1.0%~2.5%，平均值1.4%）、绿泥石（0.5%~1.0%，平均值0.8%）和高岭石（0~0.5%，平均值0.1%）（图3-19）。碳酸盐胶结物主要为铁方解石，另有少量硅质胶结物及伊利石，呈他形晶形式充填孔隙。硅质胶结物有两种形式：一种为微晶石英，另一种表现为石英次生加大。

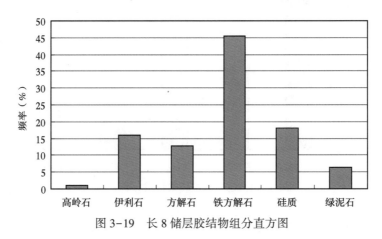

图3-19　长8储层胶结物组分直方图

2. 储层孔隙结构特征

1）孔隙类型

根据岩心铸体薄片、岩心观察、电镜扫描等资料的观察分析，定边罗庞塬地区在成岩过程中形成了多种孔隙类型。主要有残余粒间孔隙、溶蚀粒间孔隙、溶蚀粒内孔、微孔隙和微裂隙等几种（图3-20）。溶蚀粒间孔、残余粒间孔和溶蚀粒内孔是工区内最主要的孔隙类型。对岩心观察可以发现研究区发育有溶孔及溶蚀孔洞两种孔隙类型，铸体薄片观察到的主要为晶间溶孔及微裂缝孔。

次生孔隙是指在成岩过程中由溶解作用、破裂作用、成岩收缩作用等次生作用形成的孔隙。本研究区压实作用及后期成岩作用强烈，原生孔隙基本消失，且平均面孔率低。因而，次生孔隙是本区的主要孔隙类型。

（1）延9油层。

本研究区延9地层延9总面孔率6%～12%，平均值为8.1%，孔隙类型主要为溶蚀粒间孔，占总孔隙的66.5%，其次为溶蚀粒内孔（16.6%），微孔、晶间溶孔分别占7.6%、5.4%（图3-20）。微孔隙被微裂缝孔所连通，二者配套发育。

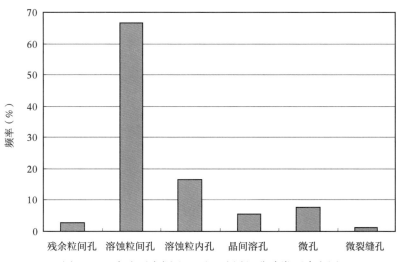

图3-20 定边罗庞塬地区延9油层组孔隙类型直方图

（2）长4+5油层。

长4+5油层组总面孔率为0.4%～5.5%，平均值为1.96%。孔隙类型以溶蚀粒间孔和溶蚀粒内孔为主，分别占55.9%和29.3%，其次为微孔和晶间溶孔，为10.2%和3.5%，微裂缝孔占1.1%（图3-21）。

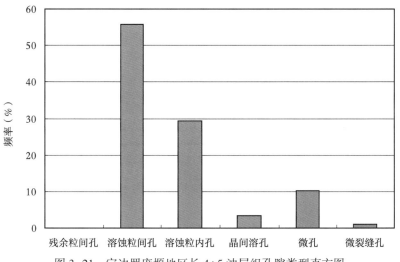

图3-21 定边罗庞塬地区长4+5油层组孔隙类型直方图

（3）长8油层。

长8油层组面孔率平均为1.18%，孔隙类型以溶蚀粒间孔和溶蚀粒内孔为主，分别占51.5%和31.3%，其次为微孔和晶间溶孔，为8.6%和7.2%，微裂缝孔占1.5%（图3-22）。

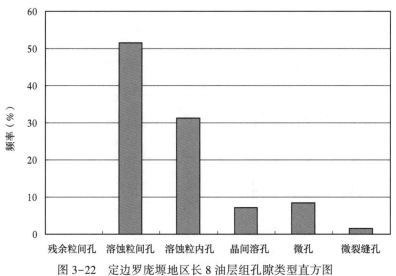

图3-22　定边罗庞塬地区长8油层组孔隙类型直方图

2）孔隙结构特征

（1）表征储集岩孔隙结构特征的主要参数。

储集岩的孔隙结构是指岩石所具有的孔隙和喉道的几何形态、大小、分布及其连通关系。在开采过程中，石油受流体通道中喉道直径的控制。因而，喉道的大小、分布以及它们的几何形态是影响储集岩的储集能力和渗流特征的主要因素。研究储集岩储集性能最常用的方法就是压汞法，它通过实验测定定量地描述储集岩的孔喉分布及连通特征，分析研究主要孔隙特征参数对储集岩孔隙度、渗透率的影响。

常用的孔隙结构特征参数有：

①排驱压力和最大连通孔喉半径。

排驱压力指开始进汞时的压力，排驱压力对应的孔喉半径为最大连通孔喉半径。该参数既反映了储集岩孔隙喉道的集中程度，又反映了孔隙喉道的大小。一般来说，排驱压力越小、最大连通孔喉半径越大，储层物性就越好，储集层储集能力就越好。

②中值压力（p_{c50}）和中值半径（r_{50}）。

中值压力（p_{c50}）指汞饱和度为50%时，相应的注入曲线所对应的毛管压力。中值半径（r_{50}）指的是汞饱和度为50%时相应的喉道半径，它可以近似地代表样品平均孔喉半径的大小。中值压力越大，表明岩石越致密，产油能力越差；中值压力越小，储层的渗透能力越好，其产油能力越好。

③退汞效率。

退汞效率是指在压汞分析时当压力降至最小时，岩样中退出的汞体积与退汞前注入汞体积的百分比。通常也可视作储集层流体采收率。一般情况下，储层连通性好，退汞效率相对较高，且随着孔隙度的降低而下降。

④分选系数。

指孔隙大小的分选程度，分选系数越小，说明孔隙分布越集中，孔隙结构就越好。

⑤均质系数。

平均渗透率与最大渗透率的比值，最大值为1，越接近1，表明非均质性越弱。

（2）定边罗庞塬地区延9、长4+5、长8油层组孔隙结构特征。

罗庞塬地区延9、长4+5、长8油层组共进行了80块压汞分析，为研究储集岩孔隙结构特征提供了坚实的基础资料。延9毛管压力曲线特征总体表现为低排驱压力，较粗歪度，孔喉分选性好，连通性好的特点（图3-23）；长4+5毛管压力曲线特征表现为中等排驱压力，略细歪度，孔喉分选性好，连通性一般的特点（图3-24）；长8毛管压力曲线特征表现为中等排驱压力，略细歪度，孔喉分选性好，连通性一般的特点（图3-25）。

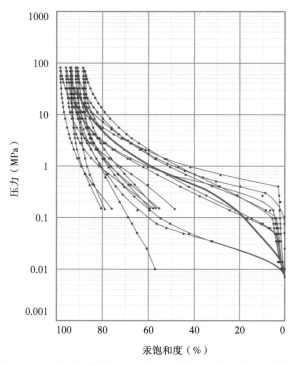

图3-23　定边罗庞塬地区延9油层组压汞及平均压汞图

储集岩孔隙结构特征如下：

①排驱压力延9段属低排驱压力，排驱压力一般在0.01～0.40MPa之间（图3-26），平均0.12MPa，最大连通孔喉半径1.85～53.64μm，平均17.01μm。中值压力平均0.7MPa；长4+5段属中等排驱压力，排驱压力一般在0.08～8.25MPa之间（图3-27），平均1.53MPa，最大连通孔喉半径0.06～10.29μm，平均1.75μm，中值压力平均10.55MPa；长8段属中等排驱压力，排驱压力一般在0.67～4.12MPa之间（图3-28），平均1.70MPa，最大连通孔喉半径0.18～1.09μm，平均0.56μm，中值压力平均6.97MPa。

②中值压力和中值半径变化大，延9大部分样品中值压力小于1MPa，中值半径0～2μm，说明延9储集层岩性相对疏松，储层有一定渗流能力。长4+5以及长8层段大部分样品中值压力大于10MPa，中值半径相对偏小，个别较差的其中值压力达到38.36MPa

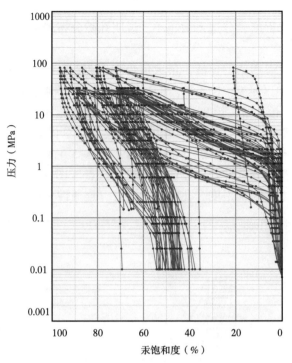

图 3-24　定边罗庞塬地区长 4+5 油层组压汞及平均压汞图

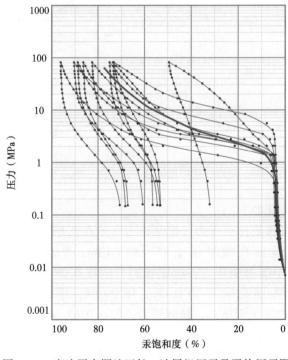

图 3-25　定边罗庞塬地区长 8 油层组压汞及平均压汞图

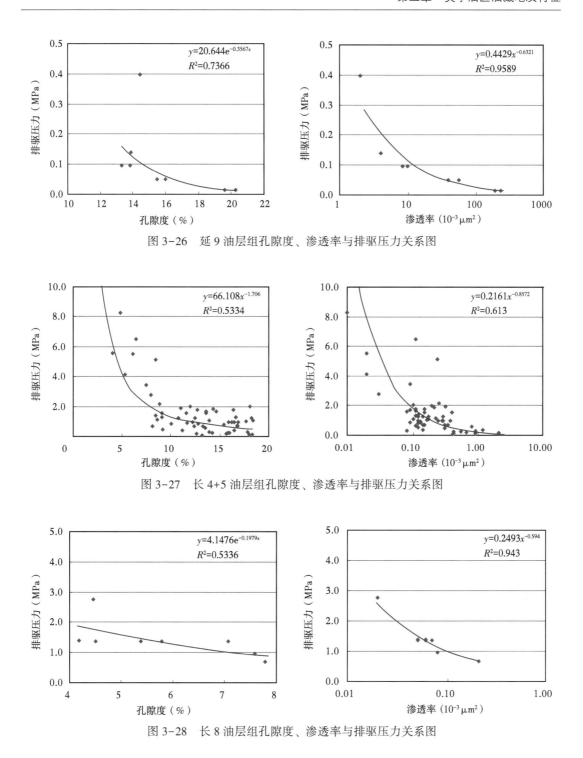

图 3-26　延 9 油层组孔隙度、渗透率与排驱压力关系图

图 3-27　长 4+5 油层组孔隙度、渗透率与排驱压力关系图

图 3-28　长 8 油层组孔隙度、渗透率与排驱压力关系图

（图 3-29 至图 3-31）。说明长 4+5 及长 8 储集岩岩性致密，不进行压裂改造，储层自然渗流能力将非常弱。

③由于储层为特低孔特低渗储层类型范畴，因此孔喉均值的大小与储层的储集性能具有正相关性，即孔喉均值越大，储层储集空间就越大，有效孔隙度值就越大。研究区孔喉

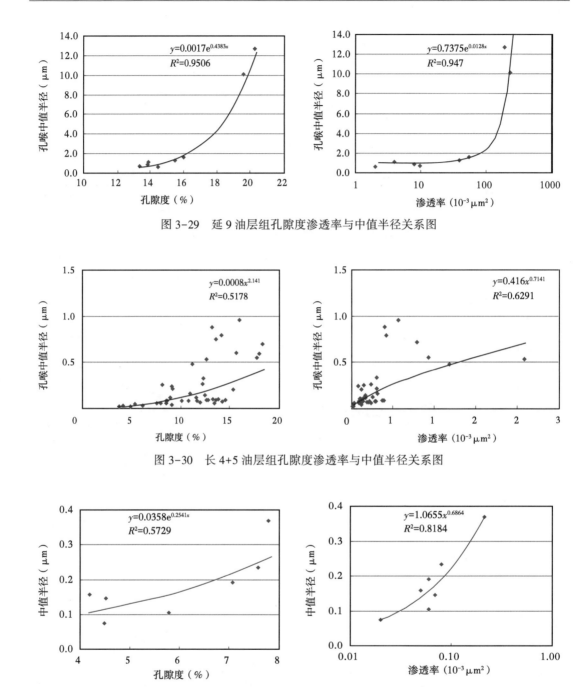

图 3-29　延 9 油层组孔隙度渗透率与中值半径关系图

图 3-30　长 4+5 油层组孔隙度渗透率与中值半径关系图

图 3-31　长 8 油层组孔隙度渗透率与中值半径关系图

均值半径与渗透率也呈正相关。研究区延 9 储层的孔喉均值半径最大，长 4+5 次之，长 8 储层的孔喉均值半径较小（图 3-32 至图 3-34）。

　　④研究区长 4+5 储层均质系数较为分散，对储集岩储集性能影响不大，因而与孔隙度渗透率相关性不大，延 9 及长 8 储层均质系数较为集中，与孔隙度渗透率相关性较大（图 3-35 至图 3-37）。

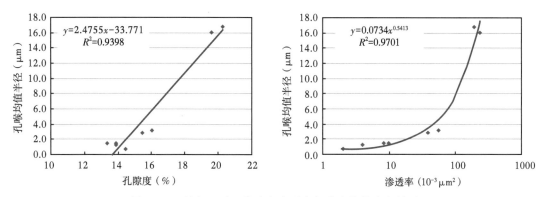

图3-32　研究区延9孔隙度渗透率与孔喉均值半径关系

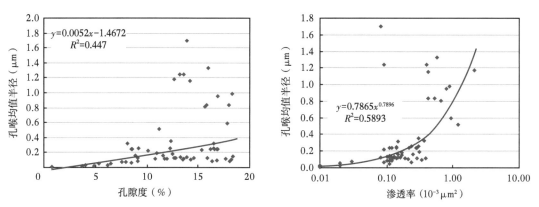

图3-33　研究区长4+5孔隙度渗透率与孔喉均值半径关系

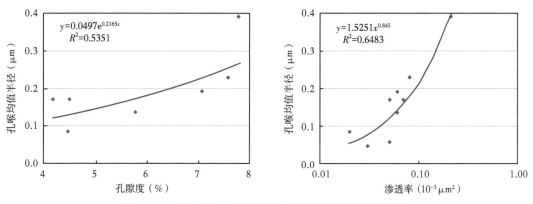

图3-34　研究区长8孔隙度渗透率与孔喉均值半径关系

⑤延9储层的退汞效率最高，平均31.6%，在13.1%~49.5%之间变化，说明储层孔隙结构具有较强的非均质性特征。通过计算，延9储层样品孔隙结构系数变化大，在0.18~26.43之间变化，长4+5及长8储层次之，孔隙度、渗透率均与孔隙结构系数呈正相关关系（图3-38至图3-40）。

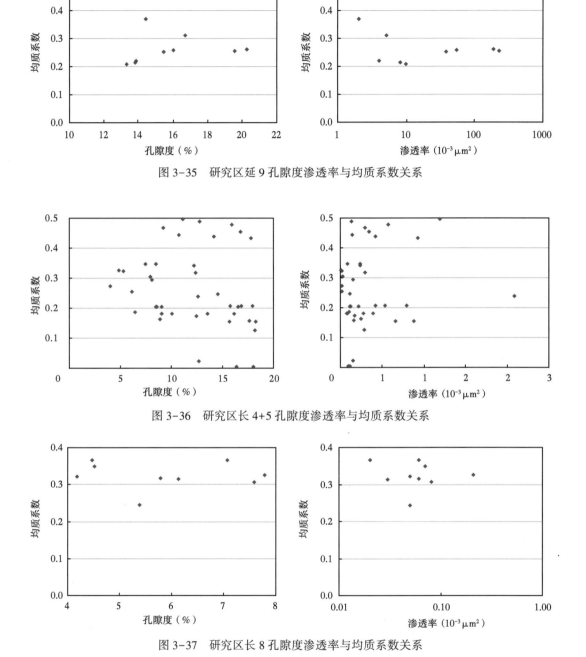

图 3-35　研究区延 9 孔隙度渗透率与均质系数关系

图 3-36　研究区长 4+5 孔隙度渗透率与均质系数关系

图 3-37　研究区长 8 孔隙度渗透率与均质系数关系

从以上分析及统计的试验结果数据可以看出，研究区延 9 储层平均喉径为 3.28μm；长 4+5 储层平均喉径为 0.21μm；长 8 储层平均喉径为 0.16μm。薄片统计发现研究区孔隙直径主要分布在 50~100μm 范围内（表 3-3），根据前人对延长组的孔隙喉道分类结果可以看出，研究区延 9 层位主要为中孔、粗喉型；研究区长 4+5 层位主要为小孔、微细喉道型；研究区长 8 层位主要为小孔、微喉道型（表 3-4）。

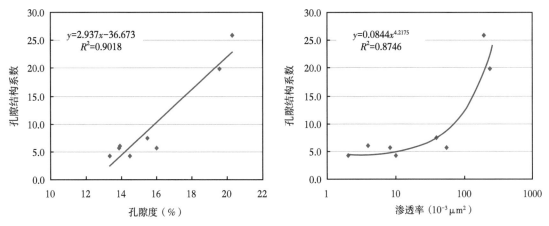

图 3-38　研究区延 9 孔隙度渗透率与孔隙结构系数关系

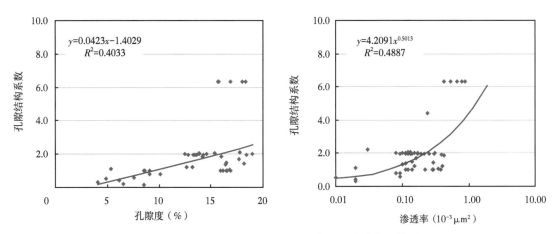

图 3-39　研究区长 4+5 孔隙度渗透率与孔隙结构系数关系

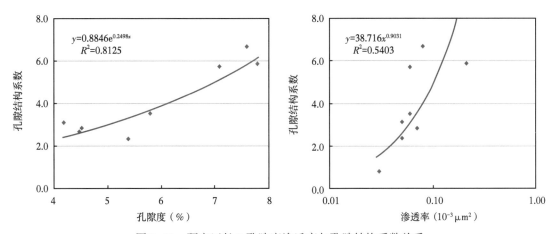

图 3-40　研究区长 8 孔隙度渗透率与孔隙结构系数关系

表 3-3　鄂尔多斯盆地延长组孔隙、喉道分布标准（宋国初，1997）

孔隙分级	平均孔隙（μm）	喉道分级	平均喉径（μm）
大孔隙	>100	粗喉道	>3.0
中孔隙	100~50	中细喉道	3.0~1.0
小孔隙	50~10	细喉道	1.0~0.5
细孔隙	10~0.5	微细喉道	0.5~0.2
微孔隙	<0.5	微喉道	<0.2

表 3-4　研究区各层位孔隙结构类型表

层位	平均孔隙（μm）	平均喉径（μm）	孔喉结构类型
延 9	91.87	3.28	中孔、粗喉型
长 4+5	33.75	0.21	小孔、微细喉道型
长 8	22.22	0.22	小孔、微喉道型

3. 物性特征

储集层的孔隙度和渗透率是反映储集层性能和渗滤条件的两个最基本参数，孔隙性的好坏直接决定岩层储存油气的数量，渗透性的好坏则控制了储集层内所含流体的产能。

研究区延 9^1、延 9^2 平均孔渗最高，长 $4+5^1$、长 8^1 次之，长 $4+5^2$、长 8^2 较低（图 3-41）。

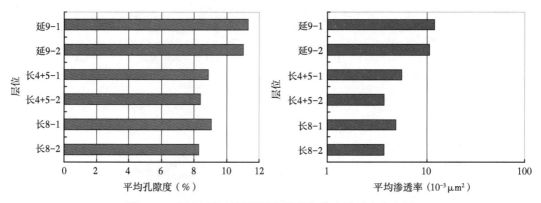

图 3-41　研究区目的层段平均测井孔隙度渗透率直方图

1）延 9 层位

其中延 9^1 小层测井孔隙度主要分布在 8.6%~16.1% 范围内，平均值为 11.3%，峰值在 10%~11% 之间；渗透率分布在 $3.6×10^{-3}$~$34.4×10^{-3}$ $μm^2$ 范围内，平均值为 $11.8×10^{-3}$ $μm^2$，峰值在 $5×10^{-3}$~$10×10^{-3}$ $μm^2$ 之间（图 3-42）。

延 9^2 小层测井孔隙度主要分布在 7.2%~15.0% 范围内，平均值为 12.3%，峰值在 10%~11% 之间；渗透率分布在 $1.6×10^{-3}$~$43.5×10^{-3}$ $μm^2$ 范围内，平均值为 $10.8×10^{-3}$ $μm^2$，峰值在 $5×10^{-3}$~$10×10^{-3}$ $μm^2$ 之间（图 3-43）。

根据《石油天然气储量计算规范》储层划分标准，延 9 储层为中孔低渗储层。

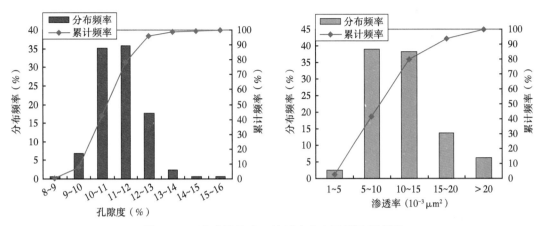

图 3-42　延 9^1 孔隙度、渗透率直方及累计频率图

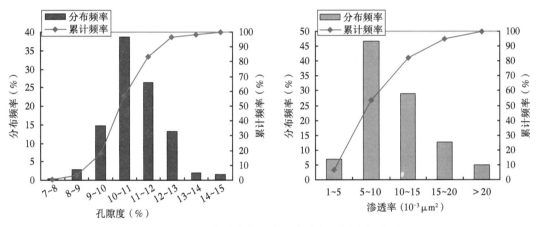

图 3-43　延 9^2 孔隙度、渗透率直方及累计频率图

2）长 4+5 层位

其中长 $4+5^1$ 小层测井孔隙度为 6.0%~12.9%，平均值为 8.8%，峰值为 9%~10%；渗透率为 0.7×10^{-3}~98.1×10^{-3} μm^2，平均值为 5.58×10^{-3} μm^2，峰值在 1×10^{-3}~5×10^{-3} μm^2（图 3-44）。

长 $4+5^2$ 小层测井孔隙度为 6.0%~11.3%，平均值为 8.4%，峰值为 8%~9%；渗透率为 0.3×10^{-3}~12.9×10^{-3} μm^2，平均值为 3.7×10^{-3} μm^2，峰值在 1×10^{-3}~5×10^{-3} μm^2（图 3-45）。

根据《石油天然气储量计算规范》储层划分标准，长 4+5 储层为特低孔特低渗储层。

3）长 8 层位

其中长 8^1 小层测井孔隙度为 6.3%~12.0%，平均值为 8.7%，峰值为 8%~9%；渗透率为 0.2×10^{-3}~47.0×10^{-3} μm^2，平均值为 5.1×10^{-3} μm^2，峰值在 1×10^{-3}~5×10^{-3} μm^2（图 3-46）。

长 8^2 小层测井孔隙度为 6.1%~11.6%，平均值为 8.3%，峰值为 7%~8%；渗透率

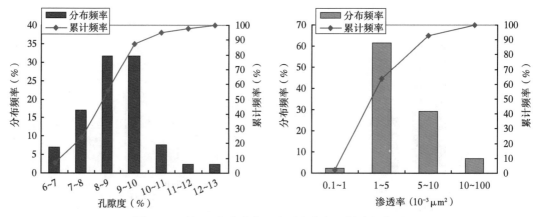

图 3-44　长 $4+5^1$ 孔隙度、渗透率直方及累计频率图

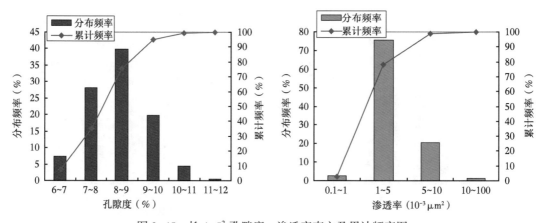

图 3-45　长 $4+5^2$ 孔隙度、渗透率直方及累计频率图

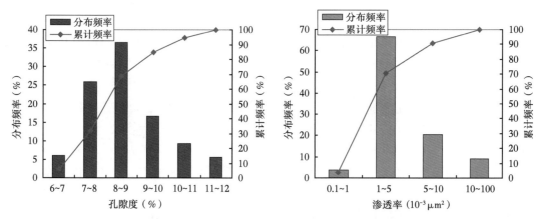

图 3-46　长 8^1 孔隙度、渗透率直方及累计频率图

为 $0.8 \times 10^{-3} \sim 38.1 \times 10^{-3}~\mu m^2$，平均值为 $3.7 \times 10^{-3}~\mu m^2$，峰值为 $1 \times 10^{-3} \sim 5 \times 10^{-3}~\mu m^2$（图 3-47）。

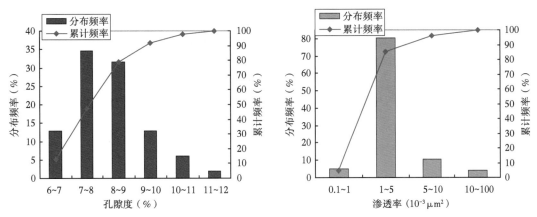

图 3-47　长 8^2 孔隙度、渗透率直方及累计频率图

根据 DZ/T 0217—2020《石油天然气储量计算规范》储层划分标准，长 8 储层为特低孔特低渗储层。

通过对比延 9、长 4+5、长 8 岩心分析孔隙度、渗透率和测井孔隙度、渗透率之间的关系，可以看出岩心分析孔隙度、渗透率和测井孔隙度、渗透率的趋势较为一致，相关性较好（图 3-48 至图 3-50）。因此，本次研究中实验分析的岩心孔隙度、渗透率较为真实可信。

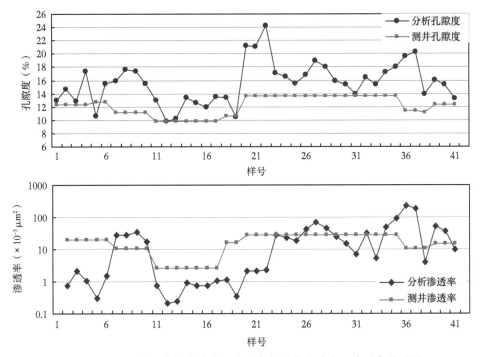

图 3-48　延 9 岩心分析孔隙度、渗透率与测井孔隙度、渗透率关系图

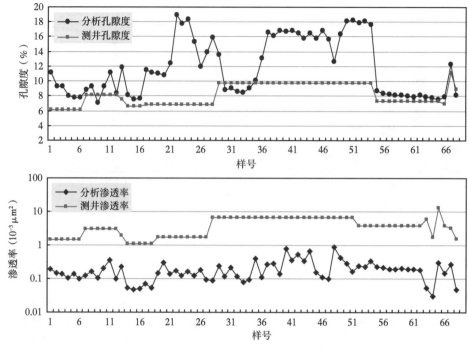

图 3-49　长 4+5 岩心分析孔隙度、渗透率与测井孔隙度、渗透率关系图

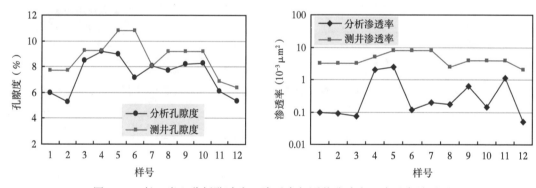

图 3-50　长 8 岩心分析孔隙度、渗透率与测井孔隙度、渗透率关系图

4. 储层的成岩作用

1）主要成岩作用类型

成岩作用是影响该区砂岩储层物性的一个重要的因素，通过普通薄片和铸体薄片观察、阴极发光和扫描电镜研究、X 射线衍射分析，对本区砂岩储层的成岩作用进行了详细研究，发现研究区成岩作用类型丰富，主要包括机械压实作用、胶结作用、溶蚀作用和破裂作用等，对储集层孔隙发育及物性影响显著。

（1）压实作用。

压实作用是储集层最普遍、最典型的成岩作用，也是导致储层物性变差的主要因素之一，意味着碎屑岩孔隙度不可逆转地降低，渗透率变小。在绿泥石膜发育的细粒长石砂岩中，碎屑颗粒间呈线状接触，机械压实作用强度较弱。在绿泥石膜不发育而泥质杂基含量较高的砂岩中，机械压实作用强烈，其表现为一方面碎屑颗粒间紧密接触，以线状接触为主，局部现凹凸、缝合接触。

（2）胶结作用。

孔隙流体中某种矿物质含量达到过饱和而在孔隙中发生沉淀，致使压实固结的作用，就是胶结作用。本研究区胶结作用较为发育，由于胶结物占据了部分孔隙空间，不同程度地降低了储层物性，从而也导致储层物性变差和非均质性增强。但胶结作用同时提高了抗压实能力，可有效地保护粒间孔隙。胶结类型为孔隙式、接触式、镶嵌式胶结。主要的胶结作用类型有：

①黏土矿物的胶结。

研究区砂岩中主要的自生黏土矿物包括伊利石、高岭石、绿泥石及伊/蒙混层矿物等（图3-51）。其中对属于破坏性胶结作用主要是高岭石、伊利石和伊蒙混层。

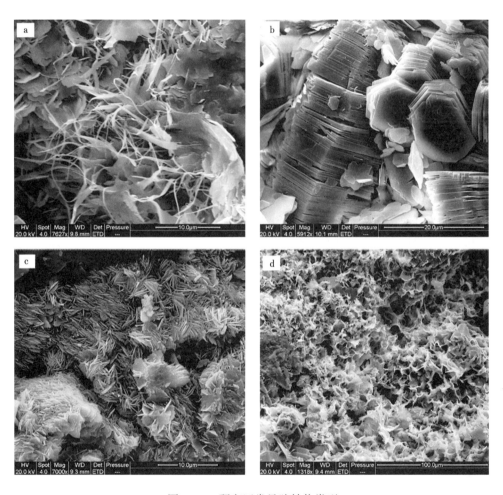

图3-51　研究区常见胶结物类型

a. 伊利石胶结物，定探4075，长4+5^2；b. 高岭石胶结物，定探4075，延9；

c. 绿泥石胶结物，定探4075，长8^1；d. 伊蒙混层胶结物，定探4076，延9

高岭石多充填于粒间或附着于颗粒表面，扫描电镜下观察呈蠕虫状或书页状集合体（图3-51b），阴极发光显微镜下呈靛蓝色。砂岩碎屑颗粒间的溶孔内常见到自生高岭石充填，粉晶级的高岭石呈典型的书页状晶型。伊利石呈丝缕状，伊/蒙混层呈网络状、蜂巢状，常与自生绿泥石共生，呈孔隙充填物出现，偶见薄膜包壳（图3-51a、3-51c、3-51d）。黏土矿物有世代胶结现象在伊利石和伊/蒙混层黏土矿物较发育的井段，残余粒间孔大多变为晶间微孔，对渗透率影响较大，原生孔隙度亦损失不小。

②硅质胶结。

硅质胶结作用在研究区砂岩中也较为常见，石英的胶结作用是本区砂岩经历的重要成岩作用，SiO_2主要有以下产出形式：

a. 碎屑石英的次生加大：石英的次生加大现象十分普遍，但在不同类型的砂岩中发育程度不同。一般说来，具次生加大的石英颗粒在碎屑石英总量中所占的比例及加大边的宽度均与杂基含量的多少呈消长关系，且在较细的砂岩及粉砂岩中次生加大石英的含量一般较低。

b. 充填于粒间孔或溶孔内的自生石英及自形石英：充填粒间的自生石英多呈他形微—粉晶晶粒状，常交代黏土杂基；充填于溶孔内者，一般为自形细～中晶沿孔壁生长，亦见有分期次地部分充填或全部充填于颗粒铸模孔内。

③碳酸盐胶结。

碳酸盐胶结物在研究区储层中非常普遍，主要以粒间胶结物、交代物或次生孔隙内填充物形式出现。研究区碳酸盐胶结物主要以方解石、铁方解石胶结物为主。

碳酸盐胶结对储集层的发育起着双重影响：一方面，碳酸盐胶结会堵塞孔隙，从而使储层质量变差；另一方面，胶结物在储层中的沉淀可以起到支撑作用，有效降低砂岩的压实程度，为酸性水溶蚀和次生孔隙形成创造有利条件。

（3）溶蚀作用。

本区砂岩的溶蚀作用较普遍，常见长石溶蚀现象。长石溶蚀后，形成了一定量的溶蚀型次生孔隙，一定程度上改善了砂岩储集层的孔隙结构。

（4）破裂作用。

破裂作用是指成岩过程中岩石在外力作用下发生破裂而产生裂缝孔隙的作用。本区地层中裂缝发育，在岩屑录井中，可发现天然缝的存在。裂缝的产出的规模不等，既有肉眼可明显观察到的显缝，也有在显微镜下才能观察到的微裂缝（图3-52和图3-53），裂缝的存在对改善储层砂岩的孔渗性极为重要。

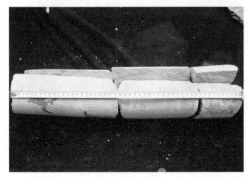

图3-52 定探4081长4+5直立缝

图3-53 定探40117长8微裂缝

2）主要成岩相

"成岩相"一词引入碎屑岩储层研究以来，不同研究者对其定义的理解不尽一致，一般将"成岩相"定义为：在特定沉积和成岩物理化学环境中的物质表现和成岩作用组合与演化的总体特征（王昌勇等，2011）。不同成岩相组合控制了不同的储层孔隙发育特征和储集物性，所以成岩相的划分有助于储层的区域评价和预测。

通过对定边罗庞塬地区薄片鉴定、岩心观察、铸体薄片、X—衍射全岩分析等技术，结合前人研究成果，根据填隙物和孔隙发育特征将罗庞塬地区长4+5、长8储层划分为绿泥石环边胶结—长石溶蚀相、长石溶蚀—铁方解石胶结相、铁方解石连晶胶结相和泥质胶结压实相4种成岩相类型（图3-54和图3-55）。各成岩相具有不同的成岩作用组合和储层发育特征。

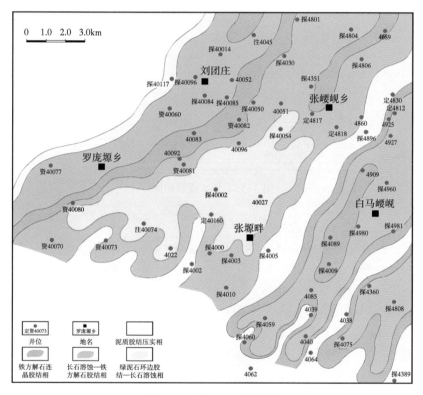

图3-54 长4+5成岩相图

（1）绿泥石环边胶结—长石溶蚀相。

该成岩相组合位于定边罗庞塬地区中部，主要发育在水下分流河道中（图3-54和图3-55），以早期绿泥石环边胶结作用为主，砂岩中的大量粒间孔得以保存，储层孔隙结构较好（图3-56A，图3-56B）。该相区长4+5岩样密度平均为2.39g/cm³，长8岩样密度平均为2.44g/cm³，为所有样品实测密度最小值，而孔隙度最高，长4+5达9.59%，平均渗透率约0.14×10⁻³μm²，平均孔径为0.28μm，长8孔隙度为7.44%，平均渗透率约2.01×10⁻³μm²，平均孔径为0.68μm，平均排驱压力均低于1MPa（表3-5），为最有利储层发育的成岩相。

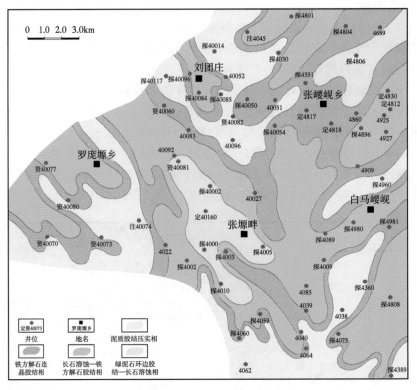

图 3-55 长 8 成岩相图

（2）长石溶蚀—铁方解石胶结相。

长石溶蚀—铁方解石胶结相区在本区比较普遍，以铁方解石不完全充填孔隙为特征（图 3-56c 和图 3-56d）。由于部分粒间孔及粒内孔被充填，因此此类储层物性要差于绿泥石环边胶结—长石溶蚀相区。该相区长 4+5 砂岩密度平均为 2.47g/cm³，平均孔隙度约 7.15%，平均渗透率为 0.85×10⁻³μm²，平均孔径为 0.32μm；长 8 砂岩密度平均为 2.48g/cm³，平均孔隙度约 6.84%，平均渗透率为 0.05×10⁻³μm²，平均孔径为 0.17μm，平均排驱压力明显增大（表 3-5），为较有利储层发育的成岩相。

表 3-5 不同成岩相组合砂岩特征对比

主要成岩相类型	层位	样品数（个）	平均孔隙度（%）	岩石平均密度（g·cm⁻³）	平均渗透率（10⁻³μm²）	平均排驱压力（MPa）	平均孔径（μm）
绿泥石环边胶结—长石溶蚀相	长 4+5	1	9.59	2.39	2.01	0.398	0.68
	长 8	2	7.44	2.44	0.14	0.99	0.28
长石溶蚀—铁方解石胶结相	长 4+5	2	7.15	2.47	0.85	3.12	0.32
	长 8	2	6.84	2.48	0.05	1.85	0.17
铁方解石连晶胶结相	长 4+5	1	5.32	2.51	0.02	4.11	0.06
	长 8	2	6.03	2.49	0.05	3.78	0.02
泥质胶结压实相	长 4+5	1	4.82	2.52	0.02	10.56	0.07
	长 8	3	4.83	2.50	0.06	9.55	0.02

（3）铁方解石连晶胶结相。

常在三角洲前缘亚相水下分流河道砂体边部呈带状分布（图3-54和图3-55），主要为铁方解石充填孔隙（图3-56e）。铁方解石的连晶胶结作用对储层的破坏是致命的。该成岩相的砂岩密度较大，而平均孔隙度较低，平均孔径较小，长4+5排驱压力为4.11MPa，长8排驱压力为3.78MPa（表3-5），在一般条件下不能形成储层。

（4）泥质胶结压实相。

泥质胶结压实相主要为前三角洲及浅湖亚相的泥岩和粉砂质泥岩，孔隙不发育(图3-56f)。由于这类砂岩的杂基和软岩屑含量高，在压实作用下易被挤入孔隙中，所以储集性能最

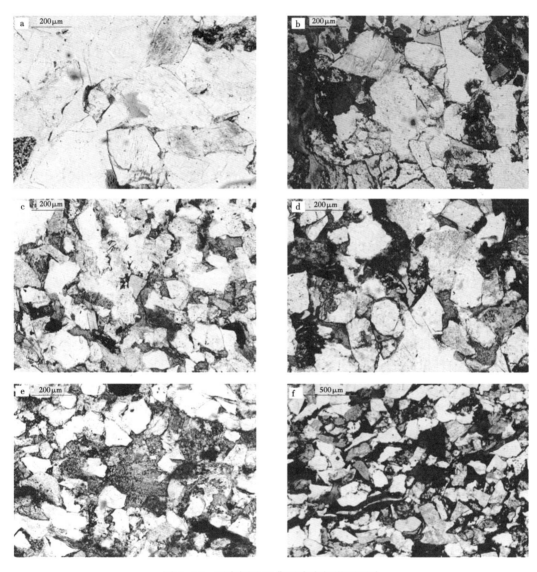

图3-56　罗庞塬地区典型成岩相微观照片

a. 定探40002，2302.91m，长4+5，10（一）；b. 定探4069，2355.18m，长8，10（一）；

c. 定探4981，2323.78m，长4+5，10（一）；d. 定探4075，2637.18m，长8，10（一）；

e. 定探4079，2701.74m，长8，10（一）；f. 定探40117，2622.55m，长8，5（一）

差，平均孔隙度小于 5%，平均排驱压力约 10MPa（表 3-5），不能形成储层。

5. 储层敏感性分析

1）储层潜在敏感性影响因素分析

碎屑岩储层注水开发敏感性矿物主要有各类黏土矿物及浊沸石、方解石等矿物。通过铸体薄片、扫描电镜分析，研究区延 9 段砂岩的填隙物含量约为 8%～13%，以高岭石、伊利石、方解石等自生矿物、高岭石和伊蒙混层等黏土矿物为主，以及少量硅质胶结物及绿泥石，含量变化较大。自生黏土胶结物主要有绿泥石、伊利石等，其中高岭石是本区储层中最常见的自生黏土矿物，多充填粒间孔隙或呈叶片状垂直于碎屑表面以薄膜式生长。

从上面主要敏感性矿物含量来看，研究区延 9 段高岭石含量最高，可运移的微粒较多，这些微粒对流体运移较敏感，所以高岭石是研究区最为重要的酸敏性矿物。

研究区长 4+5 及长 8 油层组蒙脱石含量极小，水敏性矿物主要为伊/蒙混层及水云母。

长 4+5 及长 8 油层填隙物中含有非黏土矿物铁方解石、硅质等，当碱性流体侵入时，破坏了孔隙中原始环境下的物理化学条件，对孔隙中的填隙物产生不同程度的侵蚀，动摇了填隙物与岩石骨架的依附关系，大量泥土与非黏土矿物微粒开始脱落，随流体运移，在喉道狭窄处形成了机械堵塞。此外，当高 pH 值流体侵入后，地层水中大量的钙、镁离子产生沉淀，也是碱敏损害的原因。

此外研究区长 4+5 及长 8 油层为特低渗储层，塑性矿物含量较高，在油层压力下降到一定幅度时产生压力敏感性，根据国内特低渗储层应力敏感性研究结果，特低渗储层应力敏感性远远强于常规储层。

2）储层敏感性分析

（1）流速敏感性评价。

流速敏感性是指液体在流速剪切力的作用下，使岩样孔隙中的微粒移动，堵塞孔隙、喉道，造成储层渗透率下降的可能性及下降程度。其研究目的在于了解储层的临界流速及渗透率的变化与储层中流体流动的关系，为其他敏感性流动实验提供临界流速，为确定合理的注采速度提供科学依据。

①流速敏感性损害机理分析。

储层孔道中存在的非胶结或胶结差的矿物微粒（如黏土颗粒、微晶石英和长石及碳酸盐等）在高流速液流的冲刷下发生脱落、运移而堵塞渗流通道是导致速敏性的内因。常见的速敏性矿物有微粒黏土矿物（如高岭石、毛发状伊利石）、微晶石英、微晶长石等。一般来说，储层中未被胶结或胶结不牢的地层微粒越多，储层物性越差，潜在的速敏性越强，且有可能产生比仅有黏土微粒存在时强的速敏性，而且是永久性的。黏土微粒如高岭石、伊利石在流体的冲刷下，部分会破碎，其碎片可在孔隙中自由移动，所造成的速敏性会比非黏土微粒弱些。是否发生堵塞和对渗透率的影响程度与微粒大小、数量、孔喉的大小等因素有关。而吼道部分的堵塞会因压力的波动或流向的改变而解除。一般而言，随着流速的增加，一方面单位时间内通过某一吼道断面的微粒数量增加；另一方面流体的剪切力还有可能超过某些微粒与其护照提的连接力，从而释放更多的微粒。这两方面的因素都有可能使微粒运移堵塞通道的概率增大。所以微粒运移对流速变化比较敏感，一般表现为流速增大，渗透率下降。

速敏性评价实验首先测定岩样未受损害前的克氏渗透率，在向岩心中注入模拟地层水，控制流速由低到高，计算每个流速值及该流速下的渗透率值。做出流速与渗透率关系曲线，找出临界流速，计算速敏指数，对储层速敏性进行评价。

②速敏性特征。

对研究区的三个样品分析测试表明，三块样品的损害率均较小，延9层位的样品速敏程度为中弱速敏，长4+5层位的样品速敏程度为无速敏，长8层位的样品速敏程度为弱速敏（表3-6）。

表3-6　研究区速敏实验结果统计表

井号	样号	层位	井深（m）	长度（cm）	直径（m）	气体渗透率（$10^{-3}\mu m^2$）	孔隙度（%）	速敏程度
定探4010	4010-2	延9	1930.33	4.01	2.49	4.34	17.8	中弱速敏
定资40059	40059-1	长4+5	2417.12	2.79	2.49	0.12	13.5	无速敏
定探4005	4005-1-1	长8	2617.82	4.11	2.51	0.18	5.14	弱速敏

（2）水敏性评价。

外来流体的盐度过低或者盐度的急剧变化引起油气储层中黏土矿物的水化、膨胀和分散，导致黏土微粒及黏土胶结的碎屑微粒的释放，使储层渗透率下降的现象即为储层的水敏性。含膨胀层的黏土矿物（蒙脱石、伊/蒙混层等）对外来流体的盐度变化比较敏感是，是因为这类黏土矿物层间存在交换阳离子和其他极性分子，当遇到淡水时，易发生水化膨胀，甚至分散。储层产生水敏和盐敏性的根本原因是储层中含有膨胀性的黏土矿物。

①水敏损害机理分析。

若储层中含有蒙脱石、伊/蒙混层等黏土矿物，当外来流体与储集层不配伍时，这些黏土矿物就会膨胀、分散、运移，堵塞或减小渗流通道，产生水敏损害。水敏损害程度主要取决于储集层中黏土矿物的含量、类型，同时还与储集层的物性及注入流体的性质密切相关。

伊利石与蒙脱石结构相似，但其层间阳离子与水溶液中的阳离子不易进行交换，因此遇水后没有层间扩张，膨胀性较弱，他在砂岩中形成的问题是形成微孔隙，并造成高束缚水饱和度，使有效液体渗透率降低。在淡水存在的情况下，伊利石聚集物也有可能进一步分散，当液体流动时，分散的细粒可能落入孔隙形成堵塞物，从而对渗透率产生不利的影响。

一般来说，高岭石主要是发生微粒运移问题，Pittman等（1986）曾经对富含高岭石的砂岩做过岩心流动实验，结果表明：对于2%的盐水其渗透率是稳定的，但当注入淡水后，渗透率则下降很快，这意味着淡水的进入也会促使高岭石集合体解体、分散、运移，使渗透率下降。特别是注入水介质的盐度急剧降低是，这种分散运移对渗透率的影响尤为明显。

我们一般通过水敏性实验来了解储层的水敏性。目前的实验方法通常是先用地层水或模拟地层水流过岩心，再用矿化度为地层水1/2的次地层水，最后用去离子水（蒸馏水）通过岩心，测定三种不同盐度下岩心渗透率的大小，从而判断岩心的水敏程度。

②水敏性特征。

研究区砂岩储层具有一定的黏土矿物含量，伊/蒙混层中的蒙脱石伊吸水膨胀，储层与外来流体接触时易发生水敏现象，而造成储层渗透率的下降，影响储层物性。

对研究区三个层位的三个样品进行实验得出数据结果图表（表3-7），从表3-7中可以看到，研究区不同深度的样品表现出不同的水敏程度，延9层位4010-2样品水敏程度为中偏弱水敏，长4+5层位40059-1样品水敏程度为弱水敏，而长8层位4069-1样品为强水敏。所以延9及长8储层的水敏性应该引起重视，因为研究区属特低孔、特低渗储层，即使渗透率降低幅度较小，往往会使储层失去开发价值。

表3-7 研究区水敏实验结果统计表

井号	样号	层位	气体渗透率（$10^{-3}\mu m^2$）	孔隙度（%）	地层水渗透率（$10^{-3}\mu m^2$）	50%地层水渗透率（$10^{-3}\mu m^2$）	无离子水渗透率（$10^{-3}\mu m^2$）	水敏指数（%）	水敏程度评价
定探4010	4010-2	延9	1.88	15.2	0.23	0.22	0.15	34.7	中偏弱水敏
定资40059	40059-1	长4+5	0.12	13.5	0.055	0.045	0.041	20.39	弱水敏
定探4069	4069-1	长8	0.16	5.1	4.49	1.98	1.17	73.9	强水敏

（3）盐度敏感性评价。

盐敏是指当含盐度不同于地层水矿化度的流体进入储层时，引起黏土矿物的物理和化学变化，堵塞孔喉而造成渗透率下降的现象。储层盐敏性是储层耐受低盐度流体能力的量度。一般情况下，当高于地层水矿化度的工作液进入油气层后可能引起黏土的收缩、失稳、脱落；当低于地层水矿化度的工作液进入油气层后，则可能引起黏土的膨胀、分散。因此，通过盐敏评价试验可以找出盐敏发生的临界矿化度，以确保施工液及注入水矿化度高于临界矿化度，保护油气层不受伤害。

①盐敏损害机理分析。

盐敏与水敏的损害机理相似，都是因为储层中含有膨胀性黏土矿物。所以在应用中要结合储集层的实际情况将二者综合考虑。

目前的盐敏性试验主要是让不同矿化度的盐水依次由高矿化度向低矿化度的顺序注入岩心，测定不同矿化度盐水通过时的渗透率，从而判断岩心的盐敏程度。当不同盐度的流体流经含黏土的储层时，在开始阶段，随着盐度的下降，岩样渗透率变化不大，但当盐度减小至某一临界值时，随着盐度的继续下降，渗透率将大幅度减小，此临界点的盐度值称为临界盐度，它是表征盐敏性强度的参数。

②盐敏性特征。

对研究区各个层位的三个样品进行盐敏实验，得出的实验各项参数及评价结果见表3-7。从表3-8可以看出，注入不同浓度的地层水后，岩心渗透率减小幅度不大，但无离子的水的注入，使样品渗透率伤害较大。实验结果表明延长组的样品临界盐度为40000mg/L，盐敏程度为中偏弱盐敏，而长4+5样品的临界盐度为10000mg/L，为中等偏弱盐敏，长8样品的临界盐度为20000mg/L，为中等盐敏。盐敏程度综合评价为中等盐敏—中等偏弱盐敏。因为前已述及，本研究区储层多属于特低渗、特低渗储层，即使渗透率降低幅度很小也将使其失去开采价值，因此要严格控制入井液的矿化度。

表 3-8 研究区盐敏实验结果统计表

井号	层位	气体渗透率 ($10^{-3}\mu m^2$)	孔隙度 (%)	地层水渗透率 ($10^{-3}\mu m^2$)	稀释后地层水渗透率 ($10^{-3}\mu m^2$)					无离子水渗透率 ($10^{-3}\mu m^2$)	临界盐度 (mg/L)	盐敏程度
					1/2	1/4	1/8	1/16	1/32			
定探 4010	延9	1.54	15.5	0.21	0.22	0.22	0.21	0.17	0.15	0.14	40000	中偏弱盐敏
定资 40059	长4+5	0.12	13.5	0.512	0.578	0.548	0.465	0.421	0.404	0.401	10000	中偏弱盐敏
定探 4069	长8	0.16	5.1	4.12	4.49	3.07	1.98	1.89	1.17	1.16	20000	中等盐敏

（4）酸敏性评价。

酸敏性是指酸化液进入储层后与储层中的酸敏矿物发生反应，产生凝胶或沉淀或释放出微粒，使地层渗透率下降的现象。酸液进入油层后，一方面可以改善油气层的渗透率，另一方面又与油气层中的矿物及地层流体反应产生沉淀并堵塞油气层的孔喉。酸敏性是典型的伴随化学反应的一类地层损害。酸敏性导致地层损害的形式有两种，一是产生化学沉淀或凝胶，二是破坏岩石原有结构，产生或加强速敏性。因此在进行酸化作业是应针对不同的地层，采用不同的酸液配方。配方不合适或措施不当，会使地层受到伤害，影响措施效果，起不到改善地层状况的作用。地层酸化前必须对地层进行酸敏性评价试验，以便优选酸液配方，使酸化处理方法更有效。

①酸敏损害机理分析。

酸敏性矿物是指储集层中与酸液作用产生化学沉淀或酸蚀后释放出的微粒引起渗透率下降的矿物。酸敏性矿物经溶蚀后颗粒发生运移可堵塞喉道，使渗透率降低；或者与酸反应而产生化学沉淀。常见的酸敏性矿物主要有碳酸盐类矿物、硅酸盐矿物等。影响酸敏的因素很多，储集层的结构特征和流体性质、酸敏感性矿物的含量、酸的种类、注入量等都直接影响酸敏结果。酸溶性物质是酸处理增产增注的物质基础，但同时也是储层产生酸敏性的内因。

酸敏性实验评价酸敏性首先要测定岩样与酸液反应之前，用模拟地层水或标准盐水测得的岩样渗透率；然后再注入 $0.5\sim1.0V_p$ 的酸（此时最容易产生沉淀堵塞喉道，找出地层对该酸液的最敏感程度），测定岩样与酸反应之后的渗透率，进行比较。

②酸敏性特征。

对研究区各层位的三个样品进行15%的盐酸试验后得出的结果见表3-9，所有样品酸化后渗透率均有所降低，储层遭到破坏。综合分析认为：研究区酸敏性较高，酸敏性矿物经溶蚀后颗粒发生运移堵塞喉道，使渗透率降低。

表 3-9 研究区酸敏实验结果统计表

井号	样号	层位	气体渗透率 ($10^{-3}\mu m^2$)	孔隙度 (%)	地层水渗透率 ($10^{-3}\mu m^2$)		酸敏程度
					酸化前	酸化后	
定探 4010	4010-7	延9	2.19	14.9	0.3	0.28	弱酸敏
定资 40059	40059-1	长4+5	0.12	13.5	0.424	0.364	弱酸敏
定探 4005	4005-1	长8	0.18	5.14	7.2	1.61	强酸敏

（5）碱敏性评价。

碱敏性是指钻井液、完井液等外来流体中的碳酸根离子与储集岩或地层水中的钙、镁等离子发生化学反应，形成沉淀堵塞孔喉，是储层渗透率下降的现象。

在强碱性条件下能产生沉淀而使储层损害的矿物称之为碱敏性矿物。常见的碱敏性矿物有钾长石、钠长石及各类黏土矿物。

碱敏性评价实验与酸敏性评价实验相类似，只是注入液由酸换成碱液，通过测定岩样与碱液反应前后的渗透率变化来评价其碱敏性。

①碱敏损害机理分析。

碱性钻井、完井液使渗透率降低一般表现为随着 pH 值得增加，损害程度增加。主要原因与部分硅质矿物在碱性条件下的溶液和黏土矿物在碱性条件下破坏释放的微粒有关。这些微粒运移、堵塞吼道，从而导致渗透率下降。

②碱敏性特征。

对研究区各油层组的 3 块岩样进行碱敏分析，分析结果见表 4-8。分析结果表明三块样品碱敏指数差别较大，延 9 的 4010-3 和长 4+5 的 40059-1 两块样品的碱敏指数分别为 23.5% 和 19.3%，碱敏程度为弱碱敏，长 8 的碱敏指数为 64.8%。为中等偏强碱敏。从表 3-10 可以看出当注入碱液 pH 值大于临界 pH 值时，渗透率随 pH 值的增大而减小，所以在开采中应该注意碱液对储层的影响。

表 3-10 研究区碱敏实验结果统计表

井号	层位	气体渗透率（$10^{-3} \mu m^2$）	孔隙度（%）	地层水渗透率（$10^{-3} \mu m^2$）	注碱后地层水渗透率（$10^{-3} \mu m^2$）				临界pH值	碱敏指数（%）	碱敏程度
					pH=8.5	pH=10	pH=11.5	pH=13			
定探4010	延9	1.21	12.8	0.17	0.17	0.16	0.14	0.13	9.5	23.5	弱碱敏
定资40059	长4+5	0.12	13.5	0.348	0.329	0.313	0.297	0.281	7	19.3	弱碱敏
定探4075	长8	0.06	5.3	3.58	3.29	2.43	1.93	1.26	7	64.8	中等偏强碱敏

3）储层敏感性综合评价

在前人对鄂尔多斯盆地储层敏感性的研究基础上，研究区砂岩储层敏感性分析表明，其敏感性特征与成岩作用机理密切相关。主要与储层敏感性矿物的种类、含量和分布特征有关，其次还与储集层物性特征有关。

（1）总体来看，研究区各个层位砂岩储层敏感性中等，除水敏性外，各种敏感性均表现为中等以下的敏感性程度。速敏性对渗透率损害较小，且表现渗透率随流速的增大而增大，原因主要与研究区渗透率低有关；水敏性总体上表现为中等偏弱—弱水敏，其原因除含膨胀层的伊/蒙混层以外，还与高岭石和伊利石在淡水中的破坏解体及微孔隙有关；盐敏程度综合评价为中等盐敏—中等偏弱盐敏；酸敏性对渗透率较大，尤其是长 8 层位表现为强酸敏；碱敏性表现为弱—中等偏强碱敏。

（2）从储层敏感性评价结果来看，在钻井或气藏开发过程中，采用略高于临界矿化度的流体，并保持储层中较高的流速，可较为有效地减轻外来流体对砂岩储层造成的渗透率损害。此外，在开采中还应该注意酸液、碱液对储层的影响。

（3）由于开发生产是一个动态过程，随着储层结构及油气水分布的不断变化，地层损害的规律将不断改变，保护油气层的重点也将有所不同。因此，在油气田开发的全过程中，针对不同阶段地层损害的现状，需要不断地对储层敏感性进行再评价，同时不断调整保护油气层的研究方向。

6. 储层渗流特征

当岩石孔隙中存在两相或三相流体时，必然会相互影响其渗透能力。随着某相流体饱和度的增加，孔隙网络中流体流动网络（流网）扩大，必然会导致该相流体有效渗透率的增大。显然，对于给定的岩石和给定的流体，随着饱和度的变化将会有一系列有效渗透率值。因此，在岩石、流体和饱顺序一定的条件下，有效渗透率或相对渗透率仅与饱和度有关。

本次研究共分析了 10 个样品的相对渗透率变化特征。从样品分析结果看长 4+5 组束缚水饱和度平均为 20.1%，变化范围在 15.4%～22.7%，束缚水饱和度条件下油有效渗透率为 $2.076×10^{-3} μm^2$，等渗点处含水饱和度为 49%～54%，平均值为 51.6%，等渗点相对渗透率为 0.097；残余油是对应的最大含水饱和度，在 71.7%～86.8% 之间，平均值高达 80.7%，最终水相相对渗透率为 0.45（表 3-11）。

表 3-11 罗庞塬油区定资 40059 井长 4+5 储层相对渗透率分析数据表

样号	层位	深度 （m）	束缚水饱和度 （%）	最大含水饱和度 （%）	曲线交点处饱和度 （%）
1-1/48	长 4+5	2416.28	22	82.9	53
1-6/48	长 4+5	2417.12	22.3	86.8	54
1-11/48	长 4+5	2418.04	18	81.5	50
1-17/48	长 4+5	2419.14	21.7	86.8	51
1-23/48	长 4+5	2420.14	18.2	76.6	52
1-28/48	长 4+5	2421.04	19.2	78.7	52
1-34/48	长 4+5	2422.12	15.4	80.7	49
1-39/48	长 4+5	2423.06	22.2	79.6	51
1-44/48	长 4+5	2424	19.7	71.7	50
1-48/48	长 4+5	2424.68	22	81.2	54
平均			20.1	80.7	51.6
最大值			22.7	86.8	54
最小值			15.4	71.7	49

研究区定资 40059 井共 48 块相对渗透率曲线分析，油水两相渗流特征均反映出低渗透储层特有渗流规律，即束缚水饱和度高，原始含油饱和度低，两相流动范围窄；残余油饱和度高，油相渗透率下降快，水相渗透率上升慢，且最终值低（图 3-57）。

7. 储层储集性能评价

根据储层物性、微观孔隙结构特征、毛管压力曲线特征以及储层非均质性特征综合分析，结合岩性和含油性分析，依据陕北地区储层分类标准表 3-12（赵靖舟等，2007），研究区主要存在 I b 类、IIIa、IIIb 类 3 种类型。各类储层特征见表 3-13。

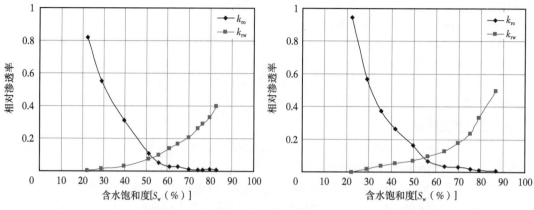

图 3-57 定资 40059 井长 4+5 储层部分样品油水相对渗透率曲线

表 3-12 陕北地区储层分类标准（赵靖舟，2007）

分类参数	低渗透层		特低渗透层		超低渗透层		致密层
	Ⅰa	Ⅰb	Ⅱa	Ⅱb	Ⅲa	Ⅲb	Ⅳ
渗透率（$10^{-3}\mu m^2$）	100~50	50~10	10~3	3~1	1~0.2	0.2~0.1	<0.1
孔隙度（%）	20~17	17~15	15~13	13~10	10~8	8~7	<7
排驱压力（MPa）	0.03~0.04	0.04~0.11	0.11~0.16	0.16~0.37	0.37~0.9	0.9~1.3	>1.31
中值压力（MPa）	0.19~0.27	0.27~0.68	0.68~1	1~2.49	2.49~6.16	6.2~9.1	>9.1
最大喉道半径（μm）	24.76~16.96	16.96~7.05	7.05~4.83	4.83~2.01	2.01~0.83	0.83~0.57	<0.57
中值半径（μm）	4.04~2.73	2.73~1.10	1.1~0.75	0.75~0.3	0.3~0.12	0.12~0.08	<0.08
喉道均值（μm）	6.06~4.18	4.18~1.77	1.77~1.22	1.22~0.52	0.52~0.22	0.22~0.15	<0.15
孔喉组合	大中孔粗喉	中孔粗喉	中孔中细喉	中孔细喉	小孔细喉	细孔微细喉	微孔微喉
评价	好		较好	中等	差		致密层

表 3-13 罗庞塬地区储层物性及毛管压力曲线特征

分类参数	延 9		长 4+5		长 8	
	平均	范围值	平均	范围值	平均	范围值
分析孔隙度（%）	13.7	6.6~24.26	10.77	4.05~19	7.40	5.30~9.20
分析渗透率（$10^{-3}\mu m^2$）	21.22	0.1~231.28	0.29	0.05~9.72	0.31	0.02~2.48
排驱压力（MPa）	0.11	0.01~0.40	1.53	0.08~8.26	1.70	0.67~4.12
中值压力（MPa）	0.66	0.06~1.28	10.13	1.06~38.36	7.68	2~19.36
平均喉孔半径（μm）	5.50	0.71~16.87	0.34	0.03~1.70	0.16	0.05~0.39
中值半径（μm）	1.59	0.59~12.70	0.22	0.002~1.24	0.18	0.04~0.37
最大喉道半径（μm）	18.78	1.85~53.64	1.75	0.06~10.29	0.56	0.18~1.09

延 9 储层：延 9 储层大部分属于Ⅰb 类（好）储层，此外还有少量Ⅰa 类（好）及Ⅱa 类（较好）储层。延 9 储层岩性为中粒或中—细粒长石砂岩，孔隙非常发育，分布较均匀，孔隙以粒间孔为主，次为溶蚀粒内孔，主要储集空间为粒间孔—粒内孔组合。孔隙度

平均为 15.87%，渗透率平均为 $67.56 \times 10^{-3} \mu m^2$。排驱压力较低，一般在 $0.01 \sim 0.40 MPa$ 之间，中值压力 $0.06 \sim 1.28 MPa$。最大孔喉半径 $1.85 \sim 53.64 \mu m$，中值半径 $0.59 \sim 12.7 \mu m$，孔喉半径均值 $0.71 \sim 16.87 \mu m$，孔喉分选性好，连通性好，较粗歪度。

长 4+5 储层：长 4+5 储层大部分属于 Ⅲa 类（差）储层，还有少量的 Ⅱb 类（中等）储层及 Ⅲb（差）类储层。长 4+5 储层岩性主要为细粒长石砂岩，溶孔发育中等，主要储集空间由粒间孔、溶蚀粒内孔和微孔隙组成的复合孔，以粒间孔为主。孔隙度为 $4.05\% \sim 19\%$，渗透率为 $0.1 \times 10^{-3} \sim 2.09 \times 10^{-3} \mu m^2$。该类储层的一个显著特点是各种孔隙结构参数变化较大，非均质性较强。排驱压力 $0.08 \sim 8.26 MPa$，中值压力为 $1.06 \sim 38.36 MPa$，整体属特低孔—特低渗储层。最大孔喉半径为 $0.06 \sim 10.29 \mu m$，中值半径为 $0.002 \sim 1.24 \mu m$。分选系数较小，孔喉分布比较分散。

长 8 储层：长 8 储层大部分属 Ⅲb 类（差）储层，还有少量的 Ⅳ 类（致密层）储层。岩性主要为细粒长石砂岩，主要储集空间以粒间孔为主。孔隙度为 $4.18\% \sim 7.79\%$，渗透率为 $0.02 \times 10^{-3} \sim 0.21 \times 10^{-3} \mu m^2$，属特低孔—特低渗储层。砂岩毛管压力特征为中排驱压力—微细喉道型。

二、储层非均质性

储层非均质性主要可分为平面非均质性和垂向（层间、层内）非均质性。其有利的一面是造成垂直方向上的遮挡，使得流体得以封存，形成油气藏；其不利的一面是渗透性的变化和消失，给勘探和开发带来困难。延长组储层非均质性比较明显，主要是受沉积相变及成岩作用所引起，地质构造因素比较小，其中沉积相变是最主要的、普遍存在的因素。

1. 层内非均质性

1）砂层的韵律特征

本区延安组网状河流、沼泽相沉积，延长组长 2、长 4+5¹、长 4+5²、长 6¹、长 8¹ 和长 8² 油层组为三角洲平原亚相和三角洲前缘亚相沉积，主要沉积微相有水上分流河道、天然堤、决口扇、河漫沼泽和水下分流河道、水下天然堤、分流间湾等，这些沉积环境形成的沉积物在垂向上有序分布，形成多韵律的三角洲复合体。通过对本区延 9¹、延 9²、长 2、长 4+5¹、长 4+5²、长 6¹、长 8¹ 和长 8² 砂层韵律特征的分析，发现各油层组主要砂体的韵律特征与沉积微相分布规律具有一定的相关性。

本区长 4+5¹、长 4+5²、长 6¹、长 8¹ 和长 8² 储层单砂体内部渗透率的变化比较复杂，有正韵律型、反韵律型以及由正、反韵律叠加组成的复合韵律型 3 种类型，以复合韵律型为主。

正韵律型表现为高孔、高渗段分布于砂体底部，向上渗透率逐渐减小，小层内部往往由几个正韵律段叠加，中间为泥质或物性夹层分隔。

反韵律型表现为渗透率向上逐渐增大，高孔、高渗段分布于砂体顶部，一般多为河口砂坝沉积成因。本区单砂层完全为反韵律型的情况在延长组长 6 储集层出现。

复合韵律型这种韵律表现为单砂体在垂向上高、低渗透率段或正韵律与反韵律层交替分布，表现为砂体中部渗透率向两侧逐渐减小。

2）夹层的频率、厚度、产状

本区延 9¹、延 9²、长 2、长 4+5¹、长 4+5²、长 6¹、长 8¹ 和长 8² 油层组内普遍钻遇泥质夹层，其出现的频率、密度及厚度变化见表3-14。

泥质夹层在电测曲线上反映为高时差、高自然伽马、低电阻，一般出现在正韵律层的顶部或反韵律层的底部。根据区内225口井夹层统计结果，本区长4+5¹、长4+5²、长6三个油层亚组的单夹层厚度、夹层频率、夹层密度均较大，在一定意义上表明这些层位的非均性较强，而延安组及延长组长2储集层非均性相对较弱，这与它们的沉积相特征是一致的。

表3-14 樊学油区油层组夹层统计表

层位	单井平均砂岩厚度（m）	单井平均夹层层数（层）	单井平均夹层厚度（m）	单夹层厚度（m）	夹层频率（层/m）	夹层密度（m/m）
延9¹	6.46	1.34	2.77	2.52	0.13	0.17
延9²	6.91	1.43	1.27	1.82	0.11	0.15
长2	10.07	2.47	5.07	2.08	0.17	0.24
长4+5¹	9.55	2.47	7.71	3.85	0.26	0.51
长4+5²	9.2	2.42	7.27	3.81	0.26	0.52
长6¹	8.49	1.96	6.03	4.34	0.23	0.45
长8¹	9.98	2.11	7.9	4.73	0.21	0.43
长8²	11.14	1.76	7.42	6.33	0.16	0.33

2. 层间非均质性

1）砂地比

用砂地比（砂层厚度与地层厚度比值）描述不同沉积类型砂岩的层间非均质性，可以反映储层分布的差异和沉积微相的演变。

统计结果表明（表3-15），本区延9¹、延9²、长2、长4+5¹、长4+5²、长6¹、长8¹和长8²油层组中，延92砂地比最大，为0.36，延9¹砂地比略小于延9²，为0.32，长4+5²砂地比最小，为0.18。单砂层平均厚度仍以延9²最大，平均厚度为4.82m，延9¹平均厚度为4.80m，长4+5²平均厚度为3.81m。单井平均砂岩厚度从厚到薄的次序是长8²、长2、长8¹、长4+5¹、长4+5²、长6¹、延9²、延9¹，分别为11.14m、10.08m、9.55m、9.2m、8.49m、6.91m、6.44m。单井平均砂岩层数自上而下依次为2.48、2.47、2.42、2.11、1.96、1.76、1.43、1.34。这些特征说明，鄂尔多斯盆地延安组与延长组地层整体非均质性特征明显，其中长4+5非均质性较强，延安组地层非均质性相对较弱。

表3-15 樊学油区油层组砂地比统计表

层位	地层平均厚度（m）	单井平均砂岩层数（层）	单井平均砂岩厚度（m）	单砂层平均厚度（m）	砂地比
延9¹	21.91	1.34	6.44	4.80	0.32
延9²	24.35	1.43	8.91	4.82	0.36
长2	49.94	2.47	10.08	4.07	0.21
长4+5¹	50.06	2.48	9.55	3.85	0.19
长4+5²	49.77	2.42	9.2	3.81	0.18

续表

层位	地层平均厚度 （m）	单井平均砂岩层数 （层）	单井平均砂岩厚度 （m）	单砂层平均厚度 （m）	砂地比
长 6^1	40.57	1.96	14.49	4.34	0.37
长 8^1	45.57	2.11	9.98	4.73	0.22
长 8^2	45.31	1.76	11.14	6.33	0.25

2）各油层组渗透率的非均质性

渗透率的非均质性常用渗透率突进系数（kmax/Ka、级差（Ka.max/Ka.min）、变异系数［（Ka—K6)/Ka］等来表示。突进系数越高，级差越大，变异系数越趋于1，表明砂层渗透率的非均质性越强，反之则均质性好。

根据40口井225个样品的渗透率统计分析结果，本区延长组长4+5为强非均质型，长8各油层亚组次之，延安组非均质性相对较弱（表3-16和表3-17）。

表 3-16 樊学油区储层非均质性评价标准

评价参数		变异系数（V_k）	突进系数（T_k）	级差（J_k）	均质系数
计算公式		$V_k = \dfrac{\sqrt{\sum\limits_{i=1}^{n}(k_i-\bar{k})^2/n}}{k}$	$T_k = \dfrac{K_{max}}{\bar{k}}$	$J_k = \dfrac{K_{max}}{K_{min}}$	$T_p = \dfrac{\bar{K}}{K_{max}}$
非均质程度	弱非均质性	<0.5	<2.0		越接近1 均质性越好
	中等非均质性	0.5~0.7	2.0~3.0	低值~高值	
	强非均质性	>0.7	>3.0		

表 3-17 樊学油区储层渗透率特征值计算表

层位	变异系数（V_k）	突进系数（T_k）	级差（J_k）	均质系数
延 9^1	0.49	1.9	596.00	0.82
延 9^2	0.33	1.5	645.40	0.92
长 2	0.54	1.84	23.50	0.54
长 $4+5^1$	1.17	8.75	330.50	0.11
长 $4+5^2$	1.45	13.48	241.30	0.07
长 6^1	0.65	2.73	88.94	0.37
长 8^1	0.78	5.11	87.50	0.20
长 8^2	0.88	5.54	164.64	0.18

3）隔层厚度及分布特征

隔层岩性主要为泥岩、粉砂质泥岩、泥质粉砂岩和砂泥岩薄互层，主要是河间洼地及分流间湾沉积。把厚度大于或等于2m的泥质岩层定为砂岩储层间的隔层。

根据22口井的统计资料，本区单井平均隔层厚度长4+5^{1}最厚，其次是长4+5^2，单隔层平均厚度相差不大，最厚的是长4+5^1，以下依次为长8和长4+5^2（表3-18）。

表 3-18 油层组隔层统计表

层位	地层平均厚度（m）	单井平均隔层层数（层）	单井平均隔层厚度（m）	单隔层平均厚度（m）
延 9^1	21.91	1.06	9.88	2.48
延 9^2	24.35	1.21	10.08	2.68
长 2	49.94	2.28	10.48	3.14
长 $4+5^1$	50.06	2.34	12.51	4.23
长 $4+5^2$	49.77	2.25	12.46	4.11
长 6	40.57	1.63	10.37	3.87
长 8^1	45.57	2.16	12.33	3.02
长 8^2	45.31	2.07	12.16	3.97

隔层平面分布及厚度随砂岩厚度和发育部位变化。一般而言，长 $4+5^1$、长 $4+5^2$ 单砂层横向变化较大，隔层的厚度在横向上变化较大，连续性较差；延 9^1、延 9^2、长 2 内部隔层横向连续性较好。

从全区来看，各油层组内部的主要隔层可以追踪。8 个油层亚组之间有 2~6m 厚的泥岩相隔，全区连贯。

延安组一般为 1~2 个隔层，多隔层井和隔层总厚度大的井分布在砂地比较小的河道间地区，单隔层平均厚度为 2~3m，隔层厚度小，层数较少。

延长组长 2 一般为 2~3 个隔层，单隔层平均厚度为 3.14m，隔层厚度大，层数多。

长 $4+5^1$、长 $4+5^2$ 一般为 1~3 个隔层，单隔层平均厚度为 4.12m，隔层厚度大，层数多。

长 6^1 河道砂体较发育，主河道上砂厚在 10~20m 之间，单井平均 1.63 个隔层，地层非均质性较长 4+5 变弱。

长 8 储层一般为 1~3 个隔层，单井平均隔层厚度较大，达到 12m，单隔层平均厚度在 3m 上下，非均质性较强。

3. 平面非均质性

平面非均质性是指由储集层砂体的几何形态、规模、孔隙度、渗透率等空间变化引起的非均质性。其中孔隙度、渗透率的大小和分布又受砂体分布的控制。而砂体的几何形态、规模等直接受控于沉积相。所以说平面非均质性的控制因素主要是沉积相。研究区内长 8、长 4+5、长 6 层位于三角洲前缘亚相，砂体主要发育在分流河道微相和河口坝微相。从砂体展布图上可见，尽管长 8、长 6、长 4+5 砂岩覆盖率 75% 以上，平均砂岩厚度达到 20m，砂岩覆盖广，但其砂岩的变化明显，平面非均质性较低。而延安组及延长组长在砂体展部图上，尽管其砂岩覆盖面较小，但表现出沿河道展布，砂岩较延长组其他地层较为均一，因此河流相的延安组及延长组长 2 地层非均质性相对延长组其他地层要弱。

1）长 8 砂体展布

樊学地区延长组长 8 时期，砂体总体走向呈近似北北东—南南西向的条带状展布。以多期三角洲前缘分流河道沉积为特点，砂体发育总体呈北部较南部地区发育良好，其中长 8^1 与长 8^2 在本区具有互补发育的特点。从长 8^2 砂岩等厚图可以看出，在樊学地区长 8^2 沉积时，水下分流河道发育较宽，砂体发育面广，呈席状大面积分布，厚度较大，砂体厚度在

7.7~36.4m 之间，平均厚度达到 20m，分流间湾只有在研究区的东南部较为发育。而长 8^1 与长 8^2 相比，主河道明显变窄，明显存在四个主砂带，由北向南依次为定 4450—定 4502—定 4156、定 4405—定 4171—定 4631—定 4842、定 4259—1—定 4699—定 4770—定 4818 和定 4761—定 4875—定 4922—定 4966。砂体厚度 7.7~36.4m，砂体宽度在 1~3km（图 3-58 和图 3-59）。

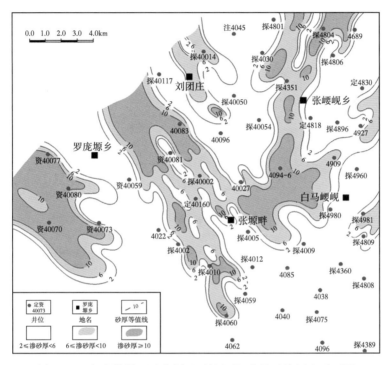

图 3-58 定边樊学—罗庞塬区延长组长 8^2 渗砂体展布平面图

2）长 4+5 砂体展布

（1）长 4+5^2 小层有效砂体展布。

长 4+5^2 期发育四支北东—南西向水下分流河道砂体，砂体发育，连续性较好。研究区第一支砂体经刘团庄一直延伸至研究区以外地区，宽约 10km，厚约 2~10m。研究区中部河道作用强，沉积了厚层且连片性极好的砂体，厚度大于 14m 的渗砂体宽 5km 左右，从张崾岘地区向西南一直延伸至张塬畔地区，延伸长度约 10km。白马崾岘地区的一支砂体厚度较薄，宽 3km 左右，经白马崾岘一直延伸至定探 4059 井区。研究区东南部的一支砂体规模较小，宽约 3km，厚 2~10m，经定探 4370 井区一直延伸至研究区外（图 3-60）。

（2）长 4+5^1 小层有效砂体展布。

长 4+5^1 小层的渗砂体总体同样为北东—南西向展布，主要分布于 4 条北东向南西延伸的水下分流河道内，水下分支河道作用整体减弱，多个分支河道交叉汇合又分开，砂体连续性较长 4+5^2 减弱。西北部一支砂体在刘团庄地区分支并汇合并向罗庞塬地区西南向延伸，并在罗庞塬地区分值为两个三角洲朵状砂体。研究区中部的一支砂体由两支规模较小的水下分流河道砂体组成，经张崾岘地区向西南方向延伸。该砂体宽约 3km，两支小砂体之间发育一条规模较小的水下分流间湾。白马崾岘地区的一支砂体宽 4km 左右，经白马

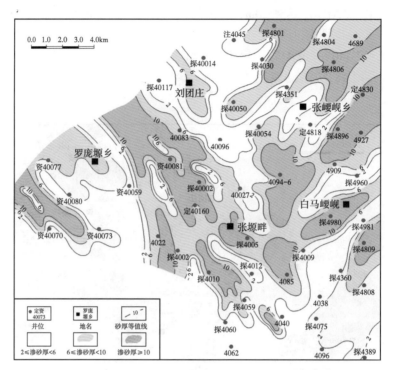

图 3-59　定边樊学—罗庞塬区延长组长 8^1 渗砂体展布平面图

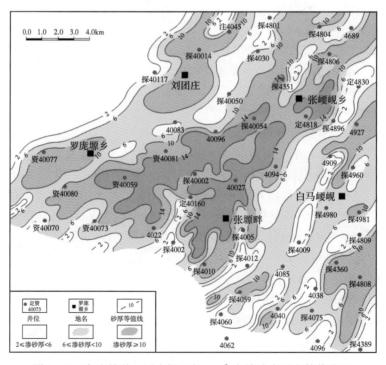

图 3-60　定边樊学—罗庞塬区长 $4+5^2$ 有效砂岩厚度等值线图

崾岘一直延伸至定探 4059 井区。研究区东南部的一支砂体规模较小，宽约 2km，厚 2~6m，经定探 4370 井区向西南方向延伸（图 3-61）。

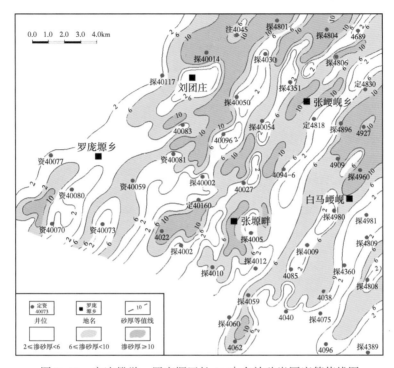

图 3-61　定边樊学—罗庞塬区长 4+5^1 有效砂岩厚度等值线图

3）延 9 砂体展布

延安组储层以网状河道砂体为主，砂体走向为近北北东—南南西向，明显存在三个主砂带。一般为层状单砂体，砂体厚度 2.9~21.9m，宽度 0.7~1km。

（1）延 9^2 砂层组有效砂体展布。

延 9^2 砂层组有效砂体的展布显示出由 1 个近 NNE 向展布的三级河道及 3 个四级河道组成的河谷充填沉积；三级河道有效砂岩厚度一般在 3~30m 之间；在其东侧有 2 个四级支流，有效砂岩厚度一般在 3~18m 之间；其西侧有 1 个 NW 向延伸的四级支流，有效砂岩厚度一般在 3~12m 之间（图 3-62）。

（2）延 9^1 砂层组有效砂体展布。

延 9^1 砂层组有效砂体的展布显示出由 1 个主河道及 3 个支流河道组成的分流河道沉积；主河道从西北部的 NW 向延伸到工区中部转为 NE 向向延伸，有效砂岩厚度一般在 3~16m 之间；3 个支流河道分布在工区中东部及南部，有效砂岩厚度一般在 3~12m 之间（图 3-63）。

（3）延 9 段含油砂体形态。

受沉积砂体分布控制，含油砂体一般呈条带状分布，弯曲度较小，受物性、砂体等多种因素影响，含油砂体宽度一般为 600~800m，局部达到 2km，延伸长度不一，最长的为延 9^2 小层 4634 井区的含油砂体，延伸长度约 13km。除 2 口井以下钻遇的油砂体以外，油砂体延伸长度一般在 2~5km。由于存在较多的相对窄的条带状油砂体，对完善注采井网形

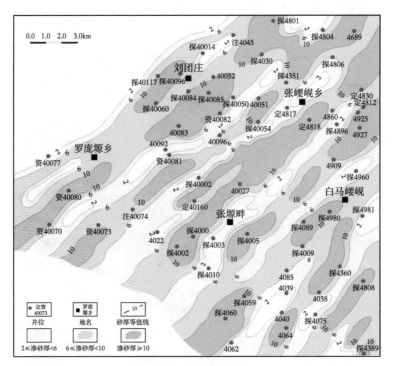

图 3-62　定边樊学—罗庞塬区延 9^2 有效砂岩厚度等值线图

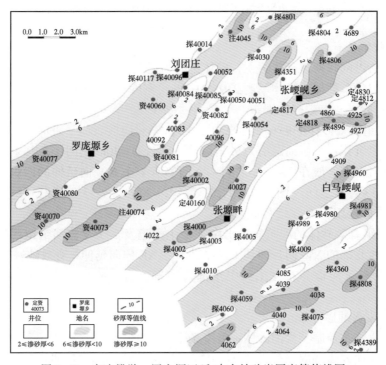

图 3-63　定边樊学—罗庞塬区延 9^1 有效砂岩厚度等值线图

成不利的局面。

（4）延 9 段含油砂体面积。

油砂体面积间接地反映了实施注采井网的完善度。一般来讲，含油面积小于 $0.5km^2$，基本上形不成注采井网，石油地质储量得不到有效开发，含油面积在 $0.5\sim1km^2$，只能形成一个较完善注采井网。含油面积越大，注采井网的完善程度就越高。通过对延 9 段油砂体分类统计表明，小于 $0.5km^2$ 的油砂体有 4 个，影响石油地质储量 33.5×10^4t，影响较小，该类油砂体只能通过自然能量开采。而大于 $1km^2$ 的油砂体有 7 个，因此，延 9 段实施注水开发的地质基础是保证的。

（5）延 9 段含油砂体储量。

油砂体储量反映了注水开发的有效性，储量越大，注水开发的持续有效性就越好。通过统计，延 9 段小于 10×10^4t 的油砂体有 3 个，石油地质储量 21.22×10^4t。由于樊学油区延 9 段属低孔低渗类油藏，因此，对于该类油砂体将无法有效动用。而大于 50×10^4t 的油砂体有 4 个，石油地质储量 1124.85×10^4t，最大储量油砂体为延 9^2 小层的 4634 井区的含油砂体，石油地质储量为 733.5×10^4t。该类油砂体一般含油面积较大，储层横向连续性好，水驱动程度将得到很好的保证，是延 9 段注水开发的主要对象。

三、储层分类与评价

根据储层物性、微观孔隙结构特征、毛管压力曲线特征以及储层非均质性特征综合分析，结合岩性和含油性分析，依据陕北地区储层分类标准表 3-19（赵靖舟等，2007），将研究区储层划分为 I b 类、II b 类、III a 类 3 种类型。各类储层的毛管压力曲线特征见表 3-20。

表 3-19　樊学油区孔隙结构评价级别分类表

级别		压汞资料			物性		主要特征	主要孔隙类型及连通情况
		排驱压力 p_d（MPa）	喉道半径（μm）	毛管曲线形态	渗透率 K（$10^{-3}\mu m^2$）	孔隙度 ϕ（%）		
I	A	<0.25	>0.7	分选较好，较粗歪度	>2.6	>13	以粗粒为主	溶蚀粒间孔和剩余粒同孔发育，孔隙大（>100μm）喉道粗，连通性好
	B	0.5~0.25	0.4~0.7	分选偏中，较粗歪度	2~2.6	12~13		溶蚀孔隙和原生孔隙较发育，有一定量微孔隙，个体大（100~50μm），连通性较好
II	A	1~0.5	0.2~0.4	分选偏中，略细歪度	1~2	10~12	中—粗粒	溶蚀空隙和原生空隙较发育，微空隙较多，孔隙大小混杂（10~50μm），连通性较好
	B	3~1	0.1~0.2	分选较差，略细歪度	0.1~1	8~10		溶蚀孔隙和原生孔隙较少，微空隙较多，空隙个体小 5~10μm，连通性较差
III	A	7~3	0.04~0.1	分选差，细歪度	0.05~0.1	5~8	中—细粒	空隙很少，只含少量颗粒间孔和微空隙，空隙个体<5μm，连通性差
	B	>7	<0.04	分选差，极细歪度	<0.05	<5		基本无空隙，或见少量空隙和孤立空隙，个体<1μm，不连通

表 3-20 定边油田樊学油区储层物性及毛管压力曲线特征

分类参数	延安组		长 2		长 4+5		长 6		长 8	
	平均	范围值	平均	范围值	平均	范围值	平均	范围值	平均	范围值
层位	18.96	16.10~24.50	18.24	17.2~18.9	10.55	6.90~14.90	12.31	11.0~13.7	11.14	7.5~14.8
孔隙度（%）	46.26	15.1~119.12	7.67	0.46~63.97	1.30	0.03~4.01	0.93	0.19~2.65	1.12	0.14~2.77
渗透率 $(10^{-3}\,\mu m^2)$	0.03	0.01~0.13	0.25	0.20~0.43	0.90	0.06~1.56	0.82	0.72~0.94	1.59	0.115~2.983
排驱压力（MPa）	0.25	0.08~4.39	1.10	1.04~1.27	6.09	3.38~11.06	5.29	4.46~6.29	7.76	1.02~12.26
中值压力（MPa）	4.96	3.64~7.98	0.85	0.82~0.99	0.67	0.13~2.20	0.23	0.21~0.26	0.37	0.08~1.13
平均喉孔半径（μm）	4.73	2.04~8.36	0.46	0.01~1.95	0.58	0.02~2.51	0.90	0.18~2.01	0.33	0.06~0.76
中值半径（μm）	36.47	18.60~76.00	3.42	3.21~3.61	3.50	0.48~11.96	0.97	0.82~1.24	1.77	0.25~6.03
最大喉道半径（μm）	18.96	16.1~24.5	18.24	17.2~18.9	10.55	6.90~14.90	12.31	11.0~13.7	11.14	7.5~14.8

Ib类（好）储层：此类储层岩性为中粒或中—细粒长石砂岩，孔隙非常发育，分布较均匀，孔隙以原生粒间孔为主，其次为溶蚀粒间孔，主要储集空间为溶孔—粒间孔组合，以粒间孔隙为主。一般孔隙度15%~17%，渗透率一般为 $10\times10^{-3}\sim20\times10^{-3}\,\mu m^2$。毛管压力曲线为窄平台型，排驱压力较低，一般 0.21~0.41MPa 之间，中值压力 1.18~1.46MPa。最大孔喉半径 7.05~16.96μm，中值半径 0.5~0.63μm，孔喉半径均值 1.22~1.77μm，分选系数较高，孔喉分选较差，粗歪度。在该区评价为好储层，主要分布于研究区延安组储层中。

IIb类（中等）储层：此类储层岩性以细粒长石砂岩为主，其次为中—细粒长石砂岩。溶孔较发育，主要储集空间为溶孔—粒间孔组合，以溶蚀粒间孔为主，原生粒间孔也占重要比例。孔隙度一般为13%~15%，渗透率为 $3.0\times10^{-3}\sim10\times10^{-3}\,\mu m^2$。毛管压力曲线为缓斜坡型，排驱压力在 0.20~0.58MPa 之间，中值压力在 2.49~1MPa 之间。最大孔喉半径 4.83~7.05μm。中值半径 0.30~0.75μm。孔喉半径均值 1.22~1.77μm。孔喉分选较好，粗歪度。此类储层主要分布于长 2^1 油层组中。

IIIa类（差）储层：岩性主要为细粒长石砂岩，溶孔较不发育，主要储集空间为溶蚀粒间孔、原生粒间孔和微孔隙组成的复合孔，以残余的溶蚀粒间孔为主，少量微孔隙。孔隙度为8%~10%，渗透率为 $1\times10^{-3}\sim0.2\times10^{-3}\,\mu m^2$。该类储层的一个显著特点是各种孔隙结构参数变化较大，非均质性较强。其毛管压力曲线为陡斜直线型，排驱压力 0.37~0.9MPa，中值压力 2.49~6.16MPa。最大孔喉半径 2.01~4.83μm。中值半径 0.12~0.3μm。孔喉半径均值 0.52~1.22μm。分选系数较小，孔喉分布比较分散。此类储层主要分布于本研究区的三叠系延长组长 4+5、长 6 和长 8 油层组，是本区分布较广的一类储层。

根据以上评价标准，对定边油田樊学油区本次研究层位储层的评价表明，本区侏罗系延安组砂体主要为Ib类储层，平均占85.0%以上，IIb类储层平均占 10.0%，IIIa类储层平均占 5.0%，整体评价为低渗透中孔粗喉型。三叠系延长组长 2 砂体主要为Ⅱb 类储层，平均占 70.8，Ⅰb 类储层，平均占 10.1%，Ⅲa 类储层平均占 19.1%，整体评价为低渗透中孔细喉型。三叠系延长组长 4+5、长 6、长 8 砂体主要为Ⅲa 类储层，长 4+5 Ⅰb 类储层，平均占 5.4%，Ⅱb 类储层平均为 23.1%，Ⅲa 类储层平均为 71.5%；长 6 Ⅰb 类储层，平均占 3.4%，Ⅱb 类储层平均为 20.9.1%，Ⅲa 类储层平均为 75.7%；长 8 砂体Ⅰb 类储层，平均占 9.1%，Ⅱb 类储层平均为 31.6%，Ⅲa 类储层平均为 59.3%。因此，本研究区的三叠系延长组长 4+5、长 6 和长 8 油层组储集砂体主要为超低渗透层细孔微细喉型（表 3-20）。

利用压汞资料建立了储集层孔隙结构级别划分标准，把该地区储集层孔隙结构分为三大类六小类。根据该分类方案，樊学油区长 4+5、长 6^1 段储层属Ⅱb 类为主，总体属低孔特低渗储层类型。

第三节　油藏类型与特征

一、油藏类型与要素

1. 岩性—构造油藏

总体来看，该区延安组各油藏的油层埋深 1550～2056m，油层原始地层压力 9.02～14.43MPa，油层饱和压力 0.35～4.34MPa，地饱压差 7.20～13.71MPa，属溶解气低饱和油藏，油藏具有边水或底水，为溶解气弹性驱动岩性—构造油藏（表 3-21 和图 3-64）。

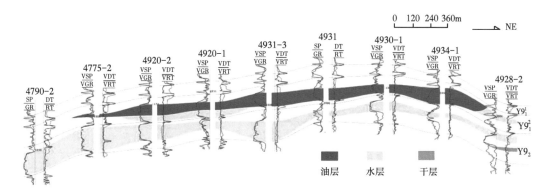

图 3-64　延 9 岩性—构造油藏剖面图

2. 构造—岩性油藏

延长组长 2 各油藏的油层埋深 1668～2164m，油层原始地层压力 13.86～16.32MPa，油层饱和压力 5.71～6.88MPa，地饱压差 6.98～10.61MPa，属溶解气低饱和油藏，油藏具有底水，为溶解气弹性驱动构造—岩性油藏（表 3-21 和图 3-65）。

3. 岩性油藏

延长组长 4+5 各油藏的油层埋深 1942～2444m，油层原始地层压力 14.29～16.60MPa，油层饱和压力 9.09～10.61MPa，地饱压差 5.20～5.99MPa，属溶解气低饱和油藏，油水分异较差，油藏一般不具有边水或底水，为溶解气弹性驱动岩性油藏（表 3-21）。

延长组长 6 各油藏的油层埋深 1931～2495m，油层原始地层压力 9.76～18.69MPa，油层饱和压力 5.83～9.77MPa，地饱压差 3.12～9.59MPa，属溶解气低饱和油藏，油水分异

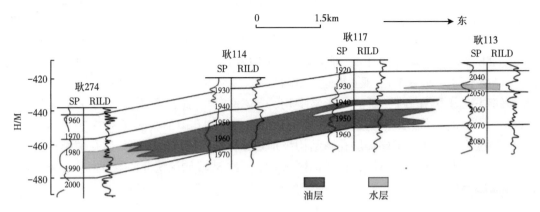

图 3-65 长 2³ 构造—岩性油藏剖面图（田建锋，2011）

较差，油藏一般不具有边水或底水，为溶解气弹性驱动岩性油藏（表 3-21）。

延长组长 8 油藏的油层埋深 2272~2743m，油层原始地层压力 6.70~26.45MPa，油层饱和压力 8.62~16.88MPa，地饱压差 5.52~11.80MPa，属溶解气低饱和油藏，油水分异较差，油藏一般不具有边水或底水，为溶解气弹性驱动岩性油藏（表 3-21 和图 3-66）。

从油藏平面分布角度看，油藏埋深由东向西，由北向南，总体呈增大趋势，油藏压力、温度随之增大（表 3-21）。

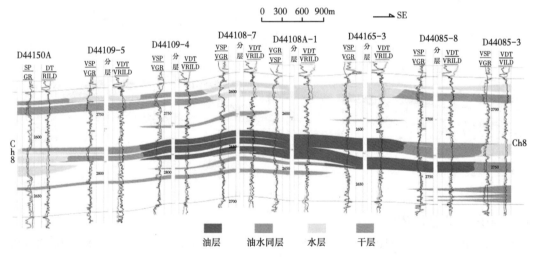

图 3-66 长 8 岩性油藏剖面图

二、压力与温度

随着油藏深度的增加，地层压力增大、油层温度升高。樊学地区延安组平均地层温度 59℃，地温梯度为 3.1℃/100m，原始地层压力 9.02~14.43MPa，压力梯度为 0.7MPa/100m；长 2 平均地层温度 63℃，地温梯度为 3.0℃/100m，原始地层压力 13.86~16.32MPa，压力梯度为 0.7MPa/100m；长 4+5 平均地层温度 72℃，地温梯度为 3.1℃/100m，原始地层压力 9.09~10.61MPa，压力梯度为 0.6MPa/100m；长 6 平均地层温度 74℃，地温梯度为 3.1℃/100m，原始地层压力 9.76~18.69MPa，压力梯度为 0.7MPa/100m；长 8 平均地层温度 83℃，地温梯度为 3.1℃/100m，原始地层压力 6.70~26.45MPa，压力梯度为 0.7MPa/100m（表 3-21）。

总体来看，该区延安组各油藏的油层埋深 1550~2056m，油层原始地层压力 9.02~14.43MPa，油层饱和压力 0.35~4.34MPa，地饱压差 7.20~13.71MPa，属溶解气低饱和油藏，油藏具有边水或底水，为弹性水驱动构造—岩性油藏（表 3-21）。

延长组长 2 各油藏的油层埋深 1668~2164m，油层原始地层压力 13.86~16.32MPa，油层饱和压力 5.71~6.88MPa，地饱压差 6.98~10.61MPa，属溶解气低饱和油藏，油藏具有底水，为弹性水驱动构造—岩性油藏（表 3-21）。

延长组长 4+5 各油藏的油层埋深 1942~2444m，油层原始地层压力 14.29~16.60MPa，油层饱和压力 9.09~10.61MPa，地饱压差 5.20~5.99MPa，属溶解气低饱和油藏，油水分异较差，油藏一般不具有边水或底水，为溶解气弹性驱动岩性油藏（表 3-21）。

延长组长 6 各油藏的油层埋深 1931~2495m，油层原始地层压力 9.76~18.69MPa，油层饱和压力 5.83~9.77MPa，地饱压差 3.12~9.59MPa，属溶解气低饱和油藏，油水分异较差，油藏一般不具有边水或底水，为溶解气弹性驱动岩性油藏（表 3-21）。

延长组长 8 油藏的油层埋深 2272~2743m，油层原始地层压力 6.70~26.45MPa，油层饱和压力 8.62~16.88MPa，地饱压差 5.52~11.80MPa，属溶解气低饱和油藏，油水分异较差，油藏一般不具有边水或底水，为溶解气弹性驱动岩性油藏（表 3-21）。

从油藏平面分布角度看，油藏埋深由东向西，由北向南，总体呈增大趋势，油藏压力、温度随之增大。

表 3-21　樊学—白马崾岘油区油藏参数表

油层组	油藏类型	驱动类型	埋藏深度（m）	中部海拔（m）	原始地层压力（MPa）	压力梯度（MPa/100m）	饱和压力（MPa）	地饱压差（MPa）	饱和程度	地层温度（℃）	地温梯度（℃/100m）
延安组	岩性—构造	弹性水	1550~2056	-40~-240	9.02~14.43	0.7	0.35~4.34	7.20~13.71	低饱和	59	3.1
长 2	构造—岩性	弹性水	1668~2164	-250~-350	13.86~16.32	0.7	5.71~6.88	6.98~10.61	低饱和	63	3.0
长 4+5	岩性	弹性	1942~2444	-430~-530	14.29~16.60	0.6	9.09~10.61	5.20~5.99	低饱和	72	3.1
长 6	岩性	弹性	1931~2495	-550~-660	9.76~18.69	0.7	5.83~9.77	3.12~9.59	低饱和	74	3.1
长 8	岩性	弹性	2272~2743	-810~-930	6.70~26.45	0.7	8.62~16.88	5.52~11.80	低饱和	83	3.1

三、流体性质

1. 原油性质

樊学油区延 9、长 2、长 4+5、长 6、长 8 油藏原油性质好。与研究区相邻的姬塬油田延 9、长 2、长 4+5、长 6、长 8 油藏的 10 口井的高压物性分析资料表明，地层原油密度小（0.684~0.862g/cm³）、原油黏度小（0.794~8.14mPa·s），溶解气油比、原油体积系数随深度的增加而增大（表3-13）。同样，依据各油藏地面原油分析数据，地面原油具有低密度（0.728~0.874g/cm³）、低黏度（0.794~8.21mPa·s）、低凝固点（15~23℃）和不含沥青质的特征（表3-22）。

表3-22　定边油田樊学油区原油主要性质表

层位	地层原油				地面原油			
	密度（g/cm³）	黏度（mPa·s）	溶解气油比（m³/t）	体积系数	密度（g/cm³）	黏度（50℃ mPa·s）	初馏点（℃）	凝固点（℃）
延9	0.857~0.862	6.04~8.14	46~50	1.085~1.153	0.832~0.845	6.13~8.21	150~158	15~20
长2	0.742~0.767	2.03~2.04	77~79	1.166~1.208	0.728~0.752	2.07~2.11	156~186	19~21
长4+5	0.7505~0.783	2.288~2.376	103~120	1.225~1.259	0.747~0.772	2.321~2.401	132~156	18~22
长6	0.684~0.743	0.794~1.27	80~120	1.231~1.329	0.831~0.867	0.836~1.33	150~167	19~23
长8	0.7211~0.743	0.794~0.812	113~115	1.292~1.329	0.837~0.874	0.794~0.812	128~152	17~20

2. 地层水性质

地层水分析结果延长组长2、长4+5、长6、长8均为$CaCl_2$水型，总矿化度分别是91.5g/L、71.3g/L、34.8g/L、28.2g/L，延安组存在两种水型，$CaCl_2$和$NaHCO_3$，总矿化度是23.1~42.6g/L（表3-23）。

表3-23　定边油田樊学油区地层水分析数据表

层位	阳离子（mg/L）			阴离子（mg/L）			pH值	总矿化度（g/L）	水型
	$Na^+ + K^+$	Ca^{2+}	Mg^{2+}	Cl^-	SO_4^{2-}	HCO_3^-			
延6	8063.8	23.45	6.57	7727	743	5614	8.0	23.1	$CaCl_2$ $NaHCO_3$
延8	12735	55.91	31.74	13063	5698	2734	7.0	35.1	$CaCl_2$ $NaHCO_3$
延9	15714	613	170	25173	504	439	6.3	42.6	$CaCl_2$
长2	28984	5462	652	55950	0	493	5.0	91.5	$CaCl_2$
长6	11641	1792	6.27	20809	0	556	6.2	34.8	$CaCl_2$
长4+5	23263	3721	429	43191	179	628	6.2	1.3	$CaCl_2$
长8	8786	1942	69	16922	0	439	6.6	28.2	$CaCl_2$

四、油藏产能情况

樊学油区从2002年开始围绕侏罗系出油井点展开滚动开发，并相继针对延长组长1、长2、长4+5、长6、长8等各油藏进行了全面开发。

罗庞塬区块，主要开采层位为长8与长4+5，平均单井初产油4.78m³/d，平均含水42%；现今单井产油1.35m³/d，综合含水48%。

白马崾岘区块，主要开采层位为延9与长4+5，延9平均单井初产油10m³/d，现今延9平均单井产油3.04t/d，油田综合含水38.1%；长4+5平均单井初产油2.0m³/d，现今长4+5平均单井产油0.58t/d，油田综合含水29.4%。

第四章　油水层测井二次 解释与油藏评价

第一节　油水层测井二次解释

一、岩性、物性、含油性下限

岩心是认识地下油层最直接的静态资料。陆相砂岩储集层的岩性、物性、电性以及含油气性均具有一定的内在联系。岩石颗粒粗、物性好、则含油性好、储油能力强、产油能力高，反之，则储油能力差、产油能力低。

1. 岩性下限

本区延9储层主要为一套中粒岩屑石英砂岩，长4+5、长8储层主要为一套细粒长石砂岩。根据粒度分析资料、薄片资料及含油级别综合统计发现，含油性为油斑及其以上级别的砂岩主要为细砂岩，而粉砂岩与泥质砂岩、钙质砂岩一般均不含油，部分粉砂岩中仅见油迹（图4-1）。本区压裂试油井，延9、长4+5、长8产出工业油流一般为细砂岩级以上。

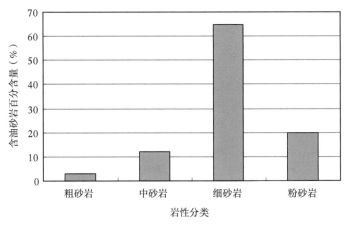

图4-1　含油性（油斑以上级别）砂岩岩性频率图

因此，综合延长油区其他区块统计结果，将本区有效厚度的岩性下限标准确定为细砂岩。

2. 含油产状

岩心含油级别一般根据含油面积分为5类：饱含油、含油、油浸、油斑和油迹。根据岩心油、气、水产状描述记录，凡含油级别达到油浸及其以上的岩心，均可见到原油向外渗出；而油浸以下的样品，含油面积小，原油渗出量甚微。

通过对本区部分压裂试油井段的含油产状统计，大部分油斑级试油达到工业油流标准（图4-2），若把含油产状定为油浸级，显然太高，因此综合定本区含油级别为油斑级（含油斑级），但并不认为所有油斑级都可划入油层，因为选择的油斑级试油层段均为电测显示较好油层段，取心井绝大部分油斑级砂岩的厚度并不能划入有效厚度，统计表明，约有40%的油斑级储层可划入有效厚度。

因此，本区含油级别下限为油斑。

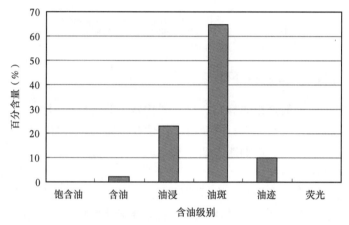

图4-2　油层含油级别频率图

3. 物性下限值

孔隙度、渗透率是影响储层储、产能力的主要因素，通常以孔隙度和渗透率反映物性下限。以大量岩心实测物性、含油性、薄片鉴定、粒度分析、试油等资料为基础，应用经验统计法结合生产实践和行业标准两种方法研究了延9、长4+5、长8油层的物性标准。

1）延9油层组物性下限

根据经验统计法，对于中、低渗透性储集层砂岩，认为岩心分析孔渗累计频率的10%为该油气田的孔渗下限。采用14口取心井74块物性分析数据确定延9有效厚度孔隙度下限为9.5%，渗透率下限为$0.7 \times 10^{-3} \mu m^2$（图4-3）。

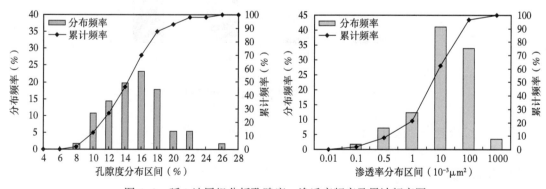

图4-3　延9油层组分析孔隙度、渗透率频率及累计频率图

2）长 4+5 油层组物性下限

①经验统计法。

对于中、低渗透性储集层砂岩，认为岩心分析孔渗累计频率的 10% 为该油气田的孔渗下限。采用 22 口取心井 145 块物性分析数据确定有效厚度孔隙度下限为 7%，渗透率下限 $0.1\times10^{-3}\mu m^2$（图 4-4）。

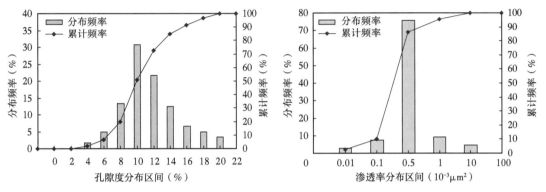

图 4-4 长 4+5 油层组分析孔隙度渗透率频率及累计频率图

②生产实践和行业标准结合法。

根据行业标准，工业油气流井中产出能力储集层渗透率大于 $0.1\times10^{-3}\mu m^2$，渗透率值小于 $0.1\times10^{-3}\mu m^2$ 时，为非储层。受生产工艺限制，生产实践当中确定有效厚度的渗透率下限为 $0.1\times10^{-3}\mu m^2$。通过建立孔隙度渗透率关系图版，求得孔隙度下限值为 6.6%（图 4-5）。

结合以上两种方法，确定长 4+5 油层组孔隙度、渗透率下限分别为 7%、$0.1\times10^{-3}\mu m^2$。

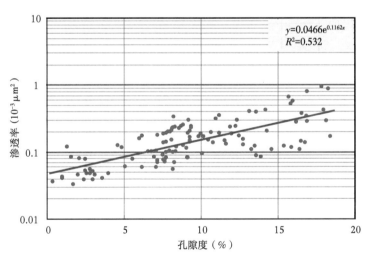

图 4-5 研究区长 4+5 油层组分析孔隙度、渗透率关系图

3）长 8 油层组物性下限

①经验统计法。

采用 7 口取心井 27 块物性分析数据确定有效厚度孔隙度下限为 5.5%，渗透率下限 $0.1\times10^{-3}\mu m^2$（图 4-6）。

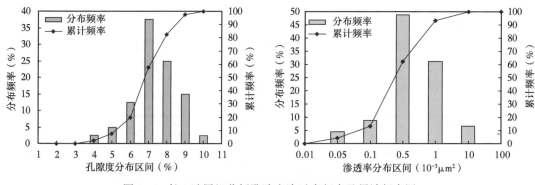

图 4-6　长 8 油层组分析孔隙度渗透率频率及累计频率图

②生产实践和行业标准结合法。

根据行业标准，工业油气流井中产出能力储集层渗透率大于 $0.1×10^{-3} \mu m^2$，渗透率值小于 $0.1×10^{-3} \mu m^2$ 时，为非储层。受生产工艺限制，生产实践当中确定有效厚度的渗透率下限为 $0.1×10^{-3} \mu m^2$。通过建立孔隙度渗透率关系图版，求得孔隙度下限值为 6.0%（图 4-7）。

结合以上两种方法，确定长 8 油层组孔隙度、渗透率下限分别为 6%、$0.1×10^{-3} \mu m^2$。

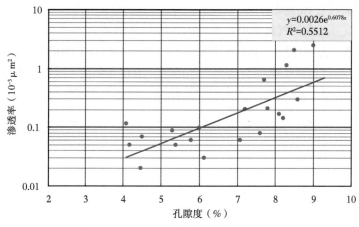

图 4-7　研究区分析孔隙度、渗透率关系图

综上所述确定研究区延 9、长 4+5、长 8 油层的岩性、物性、含油性标准见表 4-1。

表 4-1　研究区延 9、长 4+5、长 8 油层岩性、物性、含油性下限表

层位	岩性	含油级	k（$10^{-3} \mu m^2$）	ϕ（%）
延 9	中砂岩以上	油斑级以上	≥0.7	≥9.5
长 4+5	细砂岩以上	油斑级以上	≥0.1	≥7.0
长 8	细砂岩以上	油斑级以上	≥0.1	≥6.0

二、测井解释图版

尽管建立了测井解释电性标准，但仅仅区分了干层与油水层之间的关系，没有区分油

层属性详细分类，结合试采状况建立本地区测井解释图版。

1. 层属性确定

根据试油结论判别标准，结合本区试采状况，建立了层属性分类标准：

油层：含水率<20%；

油水同层：20%≤含水率≤90%；

含油水层：90%<含水率<95%；

水层：含水率≥95%。

依据此标准对 301 口试采延 9、长 4+5 和长 8 层段井进行分析，罗庞塬地区目前试采井主要以油层、油水同层井为主。极少水层井及含油水层井，单井油产量高低不等。

2. 测井解释图版的建立

根据射孔层段的电性特征以及试采层段层属性特点，选取了深感应电阻率曲线 ILD、声波时差 AC 和含油饱和度 S_o 作为判别油水层的依据，建立该地区延 9、长 4+5 和长 8 油层组的测井解释图版（图 4-8 至图 4-16 和表 4-2）。

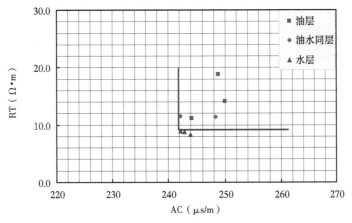

图 4-8 延 9 声波时差与深感应电阻率交会图

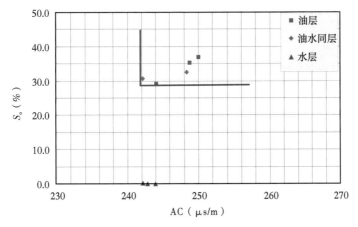

图 4-9 延 9 声波时差与含油饱和度交会图

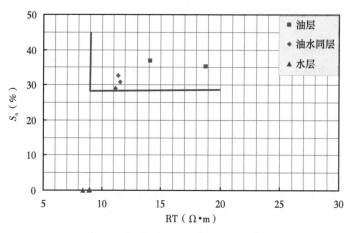

图 4-10　延 9 深感应电阻率与含油饱和度交会图

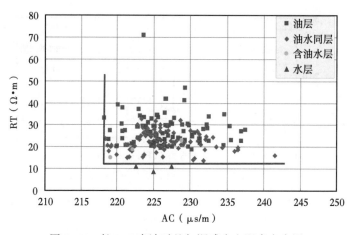

图 4-11　长 4+5 声波时差与深感应电阻率交会图

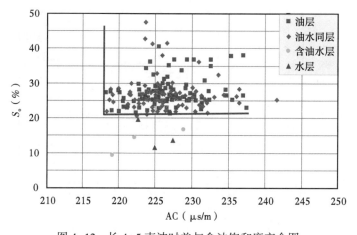

图 4-12　长 4+5 声波时差与含油饱和度交会图

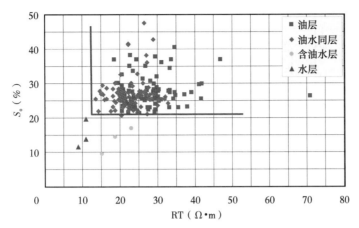

图 4-13　长 4+5 深感应电阻率与含油饱和度交会图

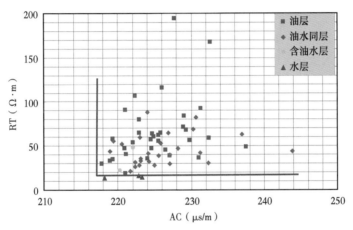

图 4-14　长 8 声波时差与深感应电阻率交会图

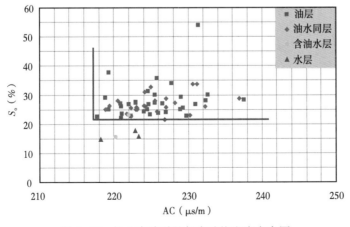

图 4-15　长 8 声波时差与含油饱和度交会图

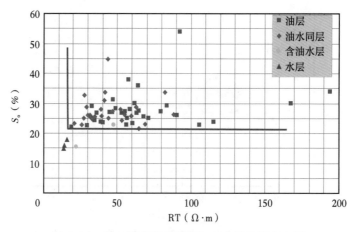

图4-16 长8深感应电阻率与含油饱和度交会图

表4-2 罗庞塬地区储层测井解释图版

层位	层类型	深感应电阻 RT（Ω·m）	声波时差 （μs/m）	含油饱和度 （%）
延9	油层	RT≥14	Δt≥242	S_o≥29
	油水同层	9≤RT<14	Δt≥242	S_o≥29
	含油水层	RT≥9	Δt≥242	S_o<29
	水层	RT<9	Δt≥242	
	干层		Δt<242	
长4+5	油层	RT≥26		S_o≥22
	油水同层	12≤RT<26	Δt≥218	S_o≥22
	含油水层	RT≥12	Δt≥218	S_o<22
	水层	RT<12	Δt≥218	
	干层		Δt<218	
长8	油层	RT≥35	Δt≥217	S_o≥21
	油水同层	16≤RT<35	Δt≥217	S_o≥21
	含油水层	RT≥16	Δ≥217	S_o<21
	水层	RT<16	Δt≥217	
	干层		Δt<217	

三、典型油水层测井分析

依据建立的测井解释标准，对罗庞塬地区300余口评价井进行了逐层解释，原来测井初步解释以油层、差油层为主，通过本次测井二次解释复查，发现研究区有效储层以油层、油水同层和水层为主，符合当前试采状况。

1. 典型油层测井分析

定资40059井。射孔井段2430~2437m，射孔层位长4+5^2，原测井解释为差油层，曲线特征表现为高电阻率，高电导率，自然电位、自然伽马曲线明显负异常，声波时差均质程度高，高声波时差（$\Delta t = 225.2\mu s/m$），地层真电阻率47.5$\Omega \cdot m$，电测解释含油饱和度27.7%，初产液6.6m^3/d，含水0%，净油6.6t/d，现复查后为油层（图4-17）。

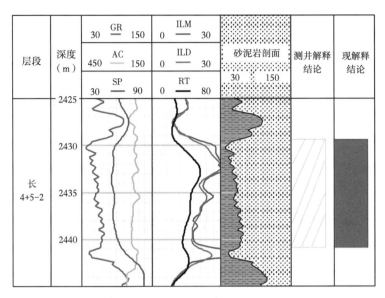

图4-17　定资40059井长4+5^{2}层段二次解释测井图

定4005-7井。射孔井段2575~2581m，射孔层位长8^1，原解释结论为油层（图4-18），曲线特征为高电阻率、双感应偏高，高于油层下限电性标准，自然电位、自然伽马呈现较明显负异常，声波时差值较高（$\Delta t = 231.3\mu s/m$），地层真电阻率47.9$\Omega \cdot m$，电测解释含油饱和度53.8%，投产后初产液量12.19m^3，含水5%，净油11.58t/d，现复查结论为油层。

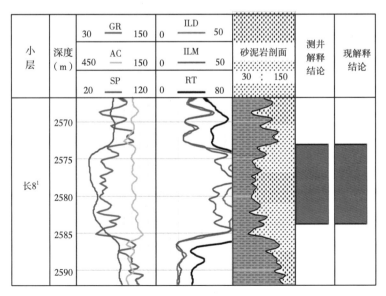

图4-18　定4005-7井长8^{1}层段二次解释测井图

2. 典型油水同层测井分析

定资 40175 井。射孔井段 2269～2275m，射孔层位长 4+5²，原解释结论为差油层（图 4-19），曲线特征为较高电阻率、双感应偏高，高于油水同层下限电性标准，自然电位、自然伽马呈现较明显负异常，声波时差值高（$\Delta t = 223.1\mu s/m$），声波时差曲线形态表现为均质程度高，地层真电阻率 23.5Ω·m，电测解释含油饱和度 26.8%，投产后初产液量 3.89m³，含水 30%，净油 2.72t/d，现复查结论为油水同层。

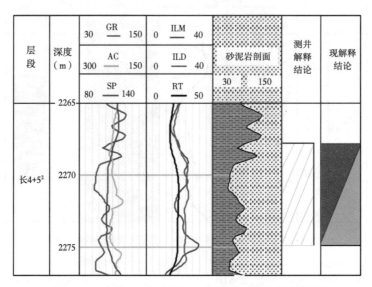

图 4-19　定资 40175 井长 4+5² 层段二次解释测井图

定 40007-1 井。射孔井段 2522～2528m，射孔层位长 8¹，原解释结论为差油层（图 4-20），曲线特征为较高电阻率，高于油水同层下限电性标准，自然电位、自然伽马

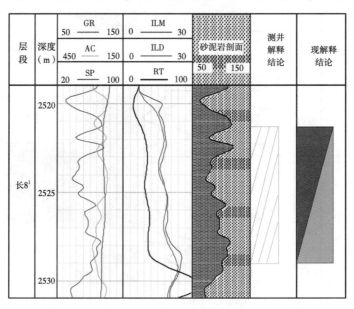

图 4-20　定 40007-1 井长 8¹ 层段二次解释测井图

呈现较明显负异常，声波时差值较高（$\Delta t = 222.3 \mu s/m$），地层真电阻率 $31.3 \Omega \cdot m$，电测解释含油饱和度 25.5%，投产后初产液量 $0.27m^3$，含水 70%，净油 0.09t/d，现复查结论为油水同层。

3. 典型含油水层测井分析

定资 40082 井。射孔井段 2456~2461m，射孔层位长 $4+5^2$，这一层段原测井解释结论为差油层（图 4-21）。曲线特征为自然电位、自然伽马呈现较明显负异常，电阻率高于含油水层下限电性标准，声波时差值较高（$\Delta t = 222.2 \mu s/m$），地层真电阻率为 $17.6 \Omega \cdot m$，电测解释含油饱和度 14.8%。投产后初产液量 6.8m³/d，含水 90%，净油 0.68t/d，现重新解释结论为含油水层。

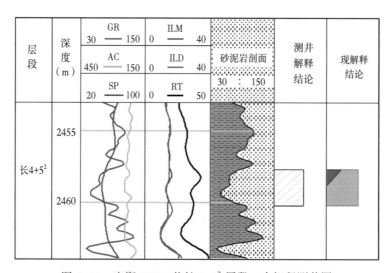

图 4-21 定资 40082 井长 $4+5^2$ 层段二次解释测井图

四、有效厚度的电性标准

本区"四性"关系研究表明，深感应电阻率与声波时差较好反映了地层的含油性与孔隙度。深感应电阻率曲线 ILD 由于受泥浆因素较小，能真实反映地层电阻率，并且随着地层含油饱和度的增大，其电阻率值也随之增大，是目前判别地层含油性最直接的测井曲线。声波时差 AC 是反映储层物性特征的测井系列，声波时差值越小，反映地下岩层越致密，即储层物性越差，直至成为无效层；反之，声波时差值越大，反映地下岩层越疏松，即储层物性越好。因而采用深侧向电阻率与声波时差交会图可以直观表现油、水层在电性上分异关系。

根据"四性"关系的研究结果，获得有效厚度的各种测井参数下限标准为：长 8 油层组，深感应电阻率 ILD 大于 $16 \Omega \cdot m$，声波时差 Δt 不小于 $217 \mu s/m$，含油饱和度限值 S_o 不小于 22%；长 4+5 油层组深感应电阻率 ILD 大于 $12 \Omega \cdot m$，声波时差 Δt 不小于 $218 \mu s/m$，含油饱和度限值 S_o 不小于 21%；延 9 油层组，深感应电阻率 ILD 不小于 $9 \Omega \cdot m$，声波时差 Δt 不小于 $242 \mu s/m$，含水饱和度限值 S_o 不小于 29%（表 4-3）。

表 4-3　定边罗庞塬地区延 9、长 4+5、长 8 油水层电性标准

层位		电性标准
长 8	油层 (油水层)	$R_t \geqslant 16\Omega \cdot m$（油层 $R_t \geqslant 35\Omega \cdot m$）； $\Delta t > 217\mu s/m$； $R_t \geqslant 0.656\Delta t - 87.82$； $S_o \geqslant 22\%$
	干层	$\Delta t < 217\mu s/m$
长 4+5	油层 (油水层)	$R_t \geqslant 12\Omega \cdot m$（油层 $R_t \geqslant 26\Omega \cdot m$）； $\Delta t > 218\mu s/m$； $R_t \geqslant -0.1599\Delta t + 61.749$； $S_o \geqslant 21\%$
	干层	$\Delta t < 218\mu s/m$
延 9	油层 (油水层)	$R_t \geqslant 9\Omega \cdot m$（油层 $R_t \geqslant 14\Omega \cdot m$）； $\Delta t > 242\mu s/m$； $R_t \geqslant 0.6576\Delta t - 148.43$； $S_o \geqslant 29\%$
	干层	$\Delta t < 242\mu s/m$

第二节　典型油藏评价及滚动勘探开发规划

樊学油区主要包括西南部的罗庞塬区块，东南部白马崾岘区块，中部的张崾岘区块，东北部的范山—张西梁区块。本节就樊学油区西南部的罗庞塬区块、东南部的白马崾岘区块进行油藏评价分析，并对其滚动勘探开发规划加以介绍。

一、罗庞塬区块

1. 油藏分布特征

1）油藏纵向分布特征

（1）以含油面积为评价参数。

研究区长 4+5^2、长 8^1 含油面积较大，长 8^2、长 4+5^1 次之，延 9^1、延 9^2 含油面积相对较小。长 4+5^2 段含油面积达 113.53km^2，长 8^1 层段为 96.73km^2。长 8^2 层段为 20.82km^2，长 4+5^1 段含油面积 9.50km^2。延 9 含油面积小，延 9^2 含油面积 4.46km^2，延 9^1 含油面积仅 0.92km^2（图 4-22）。因此，仅从含油面积分布特征可以看出，长 4+5^2 段和长 8^1 段是最有利实施注水开发的主力目的层段，其次为长 8^2 段和长 4+5^1 段，再次为延 9^1 及延 9^2 段。

（2）以油层钻遇率和油井系数为评价参数。

油层钻遇率是指钻遇储油（气）层的井数占统计的打穿该层的总井数的百分数。同一层段，它是表示油（气）层分布面积大小的一个参数。通过统计、对比研究区内各个油层组的油层钻遇率，我们不仅可以得出油层在工区内平面分布范围，而且可以看出垂向上的

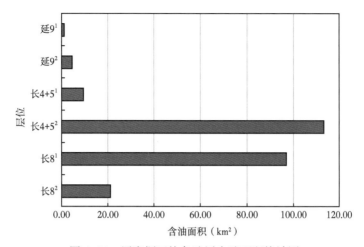

图 4-22 罗庞塬区块各油层含油面积统计图

油层分布差异性和分布特征。统计表明，长 $4+5^2$ 和长 8^1 小层油层钻遇率最高，分别为 57.24% 和 61.03%；长 8^2 小层和长 $4+5^1$ 小层油层钻遇率相差不大，分别为 17.04% 和 11.11%。最小为延 9^1 和延 9^2 小层，均为 4.71%（图 4-23）。

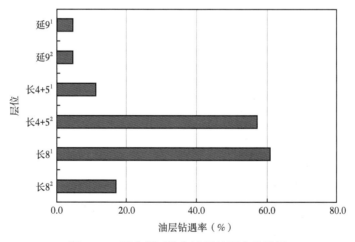

图 4-23 罗庞塬区块各油层钻遇率统计图

油井系数是本次研究目的层段钻遇油层的井数和在该层段钻遇有效砂体的井数的比值的百分数。它能够很好地反映研究区内目的层段储层有效砂体含油的概率，也可以反映油气纵向分布特征。从统计图中可以看出罗庞塬地区的油井系数和油层钻遇率的分布趋势一致，长 $4+5^2$ 和长 8^1 小层组效储集砂体内含油概率最大，概率分别为 72.34% 和 93.65%，其次是长 8^2 小层和长 $4+5^1$ 砂层组，概率分别为 44.66% 和 19.19%；再次为延 9^1 和延 9^2 小层，分别为 8.75% 和 6.83%（图 4-24）。油井系数同样说明长 $4+5^2$ 和长 8^1 油层组是研究区油气富集较好的层段。

砂层钻遇率和油井系数纵向分布特征说明长 $4+5^2$ 和长 8^1 油层组油气富集程度最高，长 8^2 和长 $4+5^1$ 小层次之，延 9^1 和延 9^1 小层油气富集程度较低。

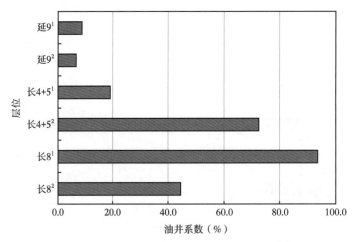

图 4-24　罗庞塬区块各油层油井系数统计图

（3）单砂体内油气纵向分布规律。

研究区石油主要富集在与河道有关的砂体内，如长 4+5、长 8 三角洲前缘的水下分流河道砂体与河坝组合砂体及延 9 的河道砂体。其中延 9 三角洲平原分流河道砂体由于砂体厚、渗透率较高，因此油气主要富集在砂体的中上部（图 4-25）。长 4+5、长 8 含油砂体主要处于三角洲前缘，渗透率较低且有侧向迁移，因此砂体向上往往属于粒度较细渗透率较低，不易形成有效储层（图 4-26 和图 4-27）。处于水下分流河道砂体中下部的石油占 70%，而处于上部的只有 30%，其中研究区的主力产层长 4+5^2 和长 8^1 尤为明显，达到

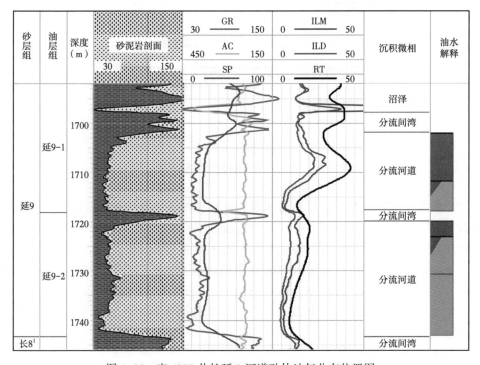

图 4-25　定 4927 井长延 9 河道砂体油气分布位置图

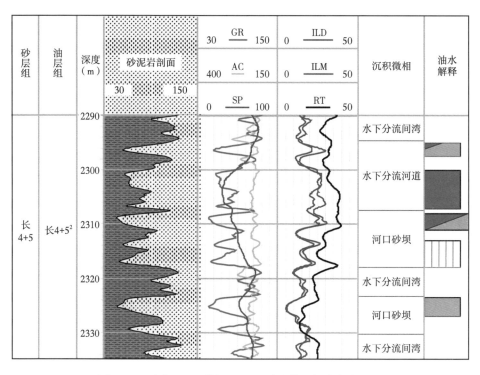

图 4-26　定探 4059 井长 4+5 河道砂体油气分布位置图

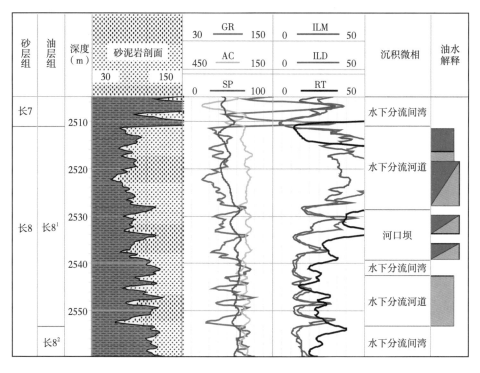

图 4-27　定 4841-3 井长 8¹ 河道砂体油气分布位置图

75%；河坝组合砂体中油气全部富集在中上部，而河口砂坝型储层中油气全部富集在上部，这都是因为河口砂坝下部粒度较细，泥质含量高，从而使得下部无法形成有效储层。如在图 4-21 可以看出，长 $4+5^2$ 发育的河坝组合储层下部发育干层，中部发育油水同层，上部物性变好发育油层。

2）油气平面分布特征

（1）各小层油层平面分布特征。

通过油层厚度图可以体现油气平面分布特征：

长 8^2：油藏主要分布在罗庞塬地区和张崾岘以北地区，油砂体在研究区呈条带状零星展布，含油面积较小。

长 8^1：油藏分布广、厚度大、连片性好，主要分布在研究区中部和东北部地区，油砂体沿北西、北东两个方向呈条带状展布（图 4-28）。

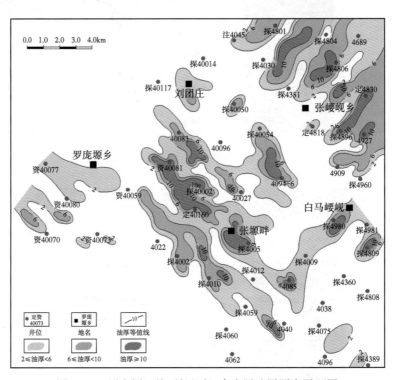

图 4-28　罗庞塬区块延长组长 8^1 小层油层厚度平面图

长 $4+5^2$：油藏分布最广，油砂体厚度大连片性好，沿北东—南西向呈条带状展布，在研究区中部厚度大于 10m 的油砂体连片（图 4-29）。

长 $4+5^1$：油藏主要在张崾岘和张塬畔地区延北东—南西向呈窄条带状零星展布，含油面积较小，厚度较薄。

延 9^2：油砂体不发育，在研究区东北部零星分布，含油条带砂体宽度一般为 1km，延伸长度不等，最长约 5km。

延 9^1：油砂体不发育，在张崾岘、白马崾岘地区零星分布，油层面积、厚度较小，含油条带砂体宽度一般为 1km，延伸长度不等，最长约 4km。

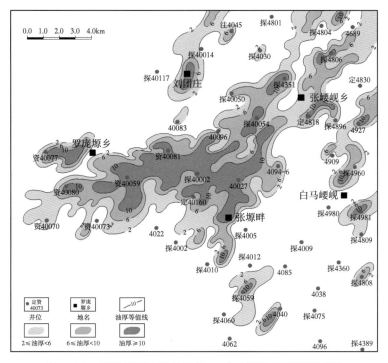

图 4-29 罗庞塬区块延长组长 4+5^2 小层油层厚度平面图

（2）各小层油藏平面分布规律。

①研究区延 9 油藏平面分布主要呈条带状沿着主河道发育方向向东北方向延伸，含油砂体宽度一般为 2~4 个开发井距，延伸长度不等，最长约 5km，含油面积较小，油藏主要集中分布在研究区东北部。长 4+5 油气平面分布主要呈条带状沿水下分流河道发育方向向西南方向延伸，含油面积最大，含油砂体宽度较大，延伸长度较长，从而形成西南方向油层分布连续性明显高于北西向（即沿主河道发育方向油层连续性好于垂直主河道发育方向）。长 8 油气平面分布主要呈条带状沿水下分流河道发育方向向西南和东南两个方向延伸，并在研究区中部连片展布，沿主河道发育方向油层连续性好于垂直主河道发育方向，含油面积次于长 4+5 期。

②从平面连片分布来看，长 4+5^2 段连片分布特征最好，油层钻遇率高，油井系数也高，在研究区中部厚度大于 10m 的油砂体连片展布。其次是长 8^1 小层，主要的油砂体分布在研究区中部及东北部地区，油藏分布广、厚度大、连片性好。长 8^2 砂层组油藏主要分布在罗庞塬地区和张崾岘以北地区，油砂体在研究区呈条带状零星展布，油砂体厚度和连片性都不及长 8^1 砂层组。长 4+5^1 小层油藏主要在张崾岘和张塬畔地区北东—南西向呈较窄条带状零星展布，含油面积较小，厚度较薄。长 2 段油气平面上也呈条带状展布，但是条带较窄且延伸不长，分布面积不大，以研究区东北部为主，其次为研究区中部地区。

③从单井钻遇油层厚度分布特征来看，总体属于构造鼻隆高部位。例如长 4+5^2 油层组中部的鼻状隆起高部位，油层连片性好，钻遇油层有效厚度最大，中部地区大于 10m 有效厚度控制面积约 22.8km^2，最大油层厚度超过 28m。再如长 8^1 油层组沟槽界的构造高点

含油面积大，油层连片性好。上述两层位的构造鼻隆高部位具有钻遇井数多、钻遇油层厚、连片性好的分布特点。

2. 滚动勘探开发规划

1）宏观规划开发层系

罗庞塬区块长 $4+5^2$ 及长 8^1 油层组油藏分布广、厚度大、连片性好，为该区主力勘探开发层系，长 8^2 油层组局部地区油藏较为富集，可以兼顾开发，延 9 和长 $4+5^1$ 油层组油藏零星展布，含油面积较小，目前开发价值较小。

以区块内连片性油层统一规划开发为原则，以提高采收率并获得更高经济效益为目的，根据油层平面分布规律可以将研究区分为罗庞塬开发区、张崾岘开发区及白马腰岘南开发区 3 个开发区块（图 4-30 和图 4-31），不同开发区块的主力油层不同，因此须区别对待，才能更好地提高产量与采收率，下面分别说明各区块优先及兼顾开发层系。

（1）罗庞塬开发区。

罗庞塬开发区油气富集程度高，是研究区的主力开发区块。该区长 $4+5^2$ 和长 8^1 油层富集连片，长 8^2 小层局部具有一定的连片性，所以该区块优先开发长 $4+5^2$ 和长 8^1 小层，兼顾开发长 8^2 小层（图 4-30 和图 4-31）。

（2）张崾岘开发区。

张崾岘开发区长 8^1 油层富集连片，长 $4+5^2$ 次之，长 8^2 小层和长 $4+5^1$ 小层油藏局部具有一定的连片性，所以该区块优先开发长 8^1 小层，兼顾开发长 $4+5^2$、长 8^2 和长 $4+5^1$ 小层（图 4-30 和图 4-31）。需要说明的是张崾岘区块油层由于与樊学区块连片，所以划归樊学区块开发层系。

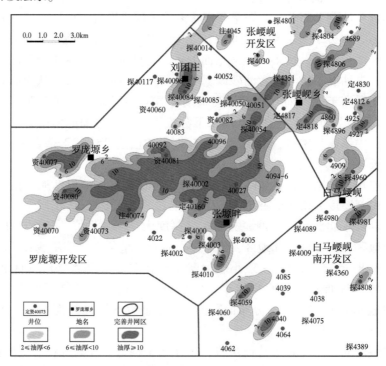

图 4-30　罗庞塬区长 $4+5^2$ 开发层系规划图

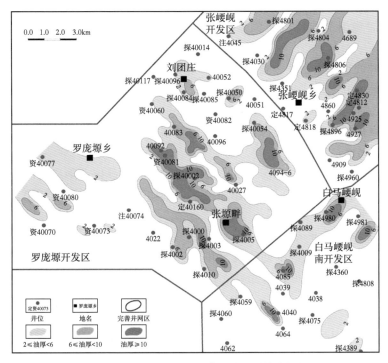

图 4-31　罗庞塬区长 8^1 开发层系规划图

（3）白马腰岘南开发区。

白马腰岘南开发区长 $4+5^2$ 小层定探 4059 井区、定探 4063 井区、油层连片性好，长 8^1 小层定探 4083 井区油层连片性次之，因此应优先开发长 $4+5^2$ 小层，兼顾开发长 8^1 小层（图 4-30 和图 4-31）。

2）以查层补孔为手段，提高单井产量

根据建立的罗庞塬地区测井解释标准及生产实际，对研究区评价井及采油井逐层测井重新解释。提出以下射孔原则：

（1）对于复查后射孔层为油层，则该层全射开；若拟射层为油水同层，则射开该层段的上半部；若拟射层为含油水层，则射开该层段顶部 1～1.5m 为宜，其目的是提高对含油层的有效动用，降低含水率。

（2）严格控制对隔夹层进行射孔作业，避免水串。射孔密度 16 孔/m。

3）以现有井网为基础，加快实施注水开发，实现油井稳产

由于可供开采的油田面积及地质储量有限，因此提高油田的采收率迫在眉睫，就目前陕北中生界石油开采情况而言，注水开发可较大程度提高最终采收率及单井产量，从而大大提高经济效益，如研究区而言，延 9、长 4+5 及长 8 油藏每提高采收率 1%，就相当于多生产 $49.9×10^4$t 原油，因此利用注水高效益的开发油田是目前研究区面临的最主要问题。研究区油藏无明显边底水，属自然驱动能量很弱油藏，因此，注水是实现油田高产稳产的有利部位。研究区目前井网完善程度较好，应在井网已完善井区尽快实施注水，其余井区通过滚动开发完善一个则立即完善注采井网，新井区应提早注水以提高地层压力，实现高产稳产。

注水原则:

(1) 鉴于油藏属低孔特低渗储层类型,建议实施反七点法或不规则点状面积注水方式。

(2) 注水井的选择以一线收益井多、井况质量好为原则,最好是直井。

(3) 由于前期开采造成地层压力亏空较大,初期实施逐步提高注水压力,之后实施有条件的强注,之后实施温和注水模式,严禁超注。

(4) 研究区储层多属于小孔隙细喉道储层类型,易于受到伤害,因此严格控制注入水水质标准,否则易于适得其反。

(5) 优先注采主力油层,对分布面积小、油层较薄等部位在第二梯队开采。

(6) 对注水井网实行长期注水动态监测,根据动态资料随时进行调整,保证最终采收率及经济效益的最大化。

4) 进一步完善注采井网

罗庞塬区块已进入开发的中期阶段,井网已经基本完善,但仍有个别区域井网并不完善,甚至存在油层富集的区域没有布井。针对这些情况对以下区域布井以完善井网,实行系统注采。

根据沉积相特征,渗砂体、油层厚度及孔隙度、渗透率展布规律,结和试油资料针对长 $4+5^2$ 小层预测 5 个区域,长 8^1 小层预测 4 个区域布井以完善井网(图 4-32 和图 4-33)。

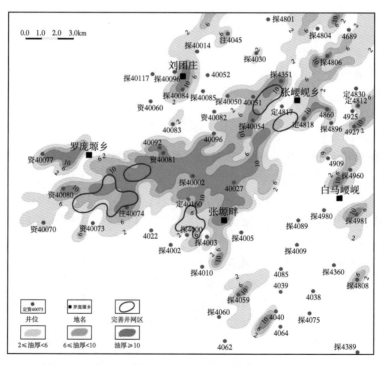

图 4-32 定边罗庞塬区块延长组长 $4+5^2$ 小层完善井网图

(1) 针对长 $4+5^2$ 小层预测以下 5 个区域布井以完善井网(图 4-32)。

①定资 40088 井、定资 40071 井与定注 40074 井之间区域:处于长 $4+5^2$ 油层连片区域,且周边油井试油效果喜人,可以布井以完善井网。

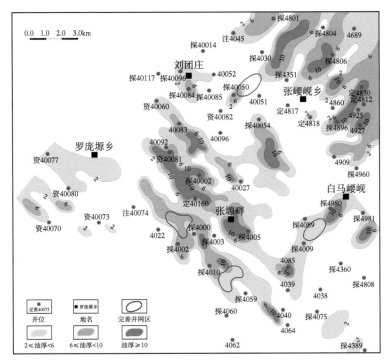

图 4-33　定边罗庞塬区块延长组长 8^1 小层完善井网图

②定资 40059 与定 40055-7 井之间区域：处于长 $4+5^2$ 油层连片区域，且周边的定资 40059 井、定 40055-7 井均为高产井。而该区井网并不完善，可以布井以完善井网。

③张塬畔以西区域：该区处于优质主砂带及油厚带延伸方向上，且周边井试油效果喜人，而该区井网密度较小，可以布井以完善井网。

④定探 4351 井至定探 40054 井之间区域：该区处于优质主砂带上，6m 厚油层连片展布，但井网密度较小，可以进一步完善井网。

⑤张腰岘西南区域：该区处于优质主砂带上，厚油层连片展布，但井网密度较小，可以进一步完善井网。

（2）针对长 8^1 小层预测以下 4 个区域布井以完善井网（图 4-33）。

①定 4021-5 井至定探 4000 井之间区域：该区处于渗砂体主砂带上，孔渗条件好，6m 厚油层连片展布，且周边定探 4000 井和定 4021-5 井试油效果喜人，为油气富集的有利区域。但该区井网密度较小，可以进一步完善井网以提高采收率。

②定 4027-5 井至定探 4059 井之间区域：该区处于渗砂体主砂带及孔渗高值区带上，油层连片展布，且周边定 4027-5 井和定探 4059 井试油均有油气显示，为油气富集的有利区域，应进一步完善井网以提高采收率。

5）坚持滚动扩边勘探开发，扩大含油面积，以新井补充提高产量，预测有利区 10 个，部署探井、评价井 10 口

坚持滚动评价，增储上产是油田发展的永恒主题。滚动开发部署，主要是根据所圈定的有利含油面积区域内通过滚动评价扩大油区生产区域，实现油田增产。根据罗庞塬区块各小层渗砂体及油层平面分布规律，预测出以下几个滚动扩边勘探区，同时，根据容积

法，进行了各有利区地质储量的预测（表4-4）。

表4-4 研究区长 4+5² 及长 8¹ 有利区域预测地质储量表

层位	有利区块	含油面积（km²）	油层厚度（m）	平均孔隙度（%）	含油饱和度（%）	原油密度（g/cm³）	体积系数	预测储量（10⁴t）	储量丰度（10⁴t/km²）	单储系数[10⁴t/(km²·m)]
长 4+5²	I	6.62	4.6	8.4	53	0.835	1.241	91.22	13.78	3.00
	I	2.11	4.8	8.1	53	0.835	1.241	29.25	13.86	2.89
	I	1.89	4.3	8	53	0.835	1.241	23.19	12.27	2.85
	II	3.82	4.0	9	53	0.835	1.241	49.04	12.84	3.21
	II	6.35	4.0	8	53	0.835	1.241	72.46	11.41	2.85
	II	8.40	4.0	8	53	0.835	1.241	95.86	11.41	2.85
长 8¹	I	2.81	4.6	8.5	55	0.824	1.309	38.04	13.54	2.94
	I	4.82	4.5	9	55	0.824	1.309	67.59	14.02	3.12
	II	2.46	4.1	7.8	55	0.824	1.309	27.24	11.07	2.70
	II	7.34	4.3	9	55	0.824	1.309	98.35	13.40	3.12
合计								592.23		

罗庞塬区块滚动勘探开发潜力区主要位于工区中部，从层位上主要位于长 4+5² 及长 8¹ 砂层组，具体说明如下：

（1）针对长 4+5² 小层预测滚动勘探开发潜力区 6 个，其中 I 类有利区三个，II 类有利区三个，并部署预探井、评价井 6 口（图 4-34）。

① I：定 40073-6 井以南区域：面积约 6.62km²，预测储量为 91.22×10⁴t。该区处于有利的沉积相带，小层顶面构造具有较好的条件，且处于优质主砂带及厚油层的延伸方向上，油藏综合条件较好，是下一步滚动勘探有利区。可以布 1 口探井预探 1 井（yt1），坐标为：18719109.9，4087189.6，探明定 40073-6 井以南地区的含油性情况。

② I：定探 4063 井以南区域：面积约 2.11km²，预测储量为 29.25×10⁴t。定探 4063 井向西南延伸部位发育较厚渗砂体，其中定探 4063 井和定 4041 井试油效果喜人，沉积相带发育有利，砂体及油厚叠合面积及厚度可观，各小层顶面构造均具有较好的条件，油藏综合条件较好，是下一步滚动勘探有利区。可布 1 口探井预探 2 井（yt2），坐标为：18728154.2，4080707.4，预探定探 4063 井以南区域的含油性情况。

③ I：定探 4059 井东北区域：面积约 1.89km²，预测储量为 23.19×10⁴t。定探 4059 井东北区域渗砂体发育，处于孔渗高值带，油层厚度较大，构造条件好，其中定探 4059 井试油效果喜人，沉积相带发育有利，预测其东北方向主砂带发育区是下一步滚动勘探有利区，可布 1 口探井预探 3 井（yt3），坐标为：18729096.1，4085488.1，探明定探 4059 井东北区域的含油性情况。

④ II：定资 40081 井至定 40056-2 以西区域：面积约 3.82km²，预测储量为 49.04×10⁴t。该区处于定探 40084 井向西南方向延伸的主砂带部位，渗砂体发育，小层渗砂顶面构造条件好，沉积相带发育有利，其东部地区油层厚度基本大于 10m，其中定资 40081 井试油效果喜人。基于此预测该区为下一步滚动勘探的二级有利区，可布 1 口探井预探 4 井

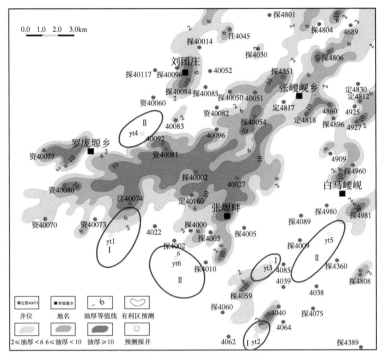

图 4-34 定边罗庞塬区块延长组长 4+5² 小层滚动勘探开发潜力区预测图

（yt4），坐标为：18721082.4，4093767.6，预探定资 40081 井至定 40056-2 以西区域的含油性情况。

⑤Ⅱ：定探 4981 井西南区域：面积约 6.35km²，预测储量为 72.46×10⁴t。该区处于优质主砂带及厚油层的延伸方向上，沉积相带发育，且处于构造有利区域，是下一步滚动勘探二级有利区，可布 1 口探井预探 5 井（yt5），坐标为：18732740.5，4087272.1，探明定探 4981 井西南区域的含油性情况。

⑥Ⅱ：张塬畔西南区域：面积约 8.40km²，预测储量为 95.86×10⁴t。该区处于沉积相带发育有利区，小层渗砂顶面构造条件好，处于优质主砂带及油层的延伸带上，是下一步滚动勘探二级有利区，可布 1 口探井预探 6 井（yt6），坐标为：18723165，4085766.6，探测定 4026-3 井及定 4027-5 井主砂体延伸方向的含油性情况。

（2）针对长 8¹ 小层预测滚动勘探开发潜力区 4 个（图 4-35），其中Ⅰ类有利区二个，Ⅱ类有利区二个，并部署预探井、评价井 4 口。

①Ⅰ：定探 4002 井以南区域，面积约 2.81km²，预测储量为 38.04×10⁴t。该区处于沉积相带发育有利区，小层渗砂顶面构造条件好，处于优质主砂带及油层的延伸带上，是下一步滚动勘探的有利区，可布 1 口探井预探 7 井（yt7），坐标为：18723615.6，4085263.0，探测定探 4002 井以南区域的含油性情况。

②Ⅰ：定资 40081 井西北区域：面积约 4.82km²，预测储量为 67.59×10⁴t。定资 40081 井区渗砂体发育，处于孔渗高值带，油层厚度较大，构造条件好，其中定资 40081 井试油效果喜人，预测其西北方向主砂带发育区是下一步滚动勘探的Ⅰ级有利区，可布 1 口探井预探 8 井（yt8），坐标为：18720512.4，4093902.1，预探定资 40081 井西北区域的

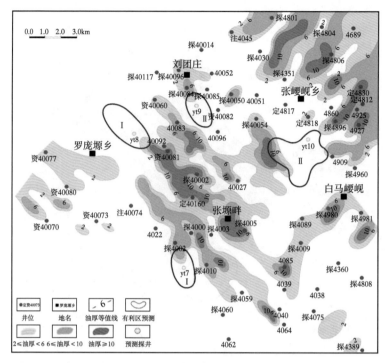

图 4-35　定边罗庞塬区块延长组长 8^1 小层滚动勘探开发潜力区预测图

含油性情况。

③Ⅱ：定探 40084 井以南区域：面积约 2.46km²，预测储量为 27.24×10⁴t。该区处于优质主砂带及厚油层的延伸方向上，沉积相带发育，是下一步滚动勘探二级有利区，可布 1 口探井预探 9 井（yt9），坐标为：18724390.2，4095709.0，探明定探 40084 井以南区域的含油性情况。

④Ⅱ：张腰岘以南区域：面积约 7.34km²，预测储量为 98.35×10⁴t。该区处于东北及西北物源的交汇区，渗砂层厚度大，沉积相带发育，是下一步滚动勘探二级有利区，可布 1 口探井预探 10 井（yt10），坐标为：18731326.1，4093554.4，预探张腰岘以南区域的含油性情况。

二、白马嵝岘区块

1. 油藏分布特征

1）油气纵向分布特征

（1）以含油面积为评价参数。

研究区长 $4+5_2^1$ 含油面积最大，延 9^2、延 9_1^2 含油面积次之，长 $4+5_1^2$ 和长 $4+5_2^2$ 含油面积较小。长 $4+5_2^1$ 层段含油面积为 5.88km²，延 9^2、延 9_1^2 层段含油面积分别为 3.70km² 和 3.66km²，长 $4+5_1^2$ 层段为 2.73km²，长 $4+5_2^2$ 层段含油面积 2.32km²（图 4-36）。因此，仅从含油面积分布特征可以看出，长 $4+5_2^1$ 层段、延 9^2 和延 9_1^2 层段是最有利实施注水开发的主力目的层段，其次为长 $4+5_2^2$ 段和长 $4+5_2^1$ 段。

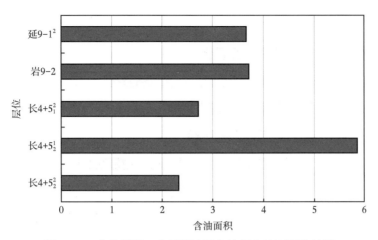

图 4-36　白马崾岘—麻子涧油区各油层含油面积统计图

（2）以油层钻遇率和油井系数为评价参数。

油层钻遇率是指钻遇储油（气）层的井数占统计的打穿该层的总井数的百分数。同一层段，它是表示油（气）层分布面积大小的一个参数。通过统计、对比研究区内各个油层组的油层钻遇率，我们不仅可以得出油层在工区内平面分布范围，而且可以看出垂向上的油层分布差异性和分布特征。统计表明，长 $4+5_2^1$ 小层油层钻遇率最高，为 51.95%；长 $4+5_1^2$、延 9_1^2 和延 9^2 小层油层钻遇率相差不大，分别为 29.87%、29.22% 和 27.27%，最小为延 9_1^1 和长 $4+5_1^2$ 小层，分别为 5.84% 和 15.58（图 4-37）。

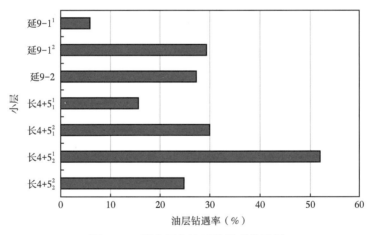

图 4-37　研究区各油层钻遇率统计图

油井系数是本次研究目的层段钻遇油层的井数和在该层段钻遇有效砂体的井数的比值的百分数。它能够很好地反映研究区内目的层段储层有效砂体含油的概率，也可以反映油气纵向分布特征。从统计图中可以看出白马崾岘—麻子涧地区的油井系数和油层钻遇率的分布趋势大体一致，长 $4+5_2^1$、长 $4+5_1^2$、长 $4+5_2^2$ 小层组有效储集砂体内含油概率最大，概率分别为 76.92%、74.51% 和 63.01%，其次是延 9_1^2 小层，概率为 56.25%；再次为延 9^2、长 $4+5_1^1$ 和延 9_1^1 小层，分别为 38.53%、33.33% 和 29.03%（图 4-38）。油井系数

说明长 $4+5_2^1$、长 $4+5_1^2$、长 $4+5_2^2$ 和延 9_1^2 小层是研究区油气富集较好的层段。

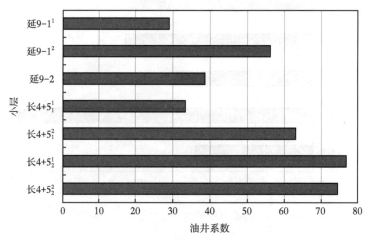

图 4-38　研究区各油层油井系数统计图

砂层钻遇率和油井系数纵向分布特征说明长 $4+5_2^1$ 小层油气富集程度最高，长 $4+5_1^2$、长 $4+5_2^2$、延 9_1^2、延 9^2 小层次之，长 $4+5_1^1$ 和延 9_1^1 小层油气富集程度较低。

2）油气平面分布特征

（3）各小层油层平面分布特征。

通过油层厚度图可以体现油气平面分布特征：

长 $4+5_2^2$：油藏大体沿北东—南西向零星分布，油砂体连片性一般，含油面积较小。

长 $4+5_2^1$：油藏分布广、厚度大、连片性好，主要分布在研究区东北部地区，并呈条带状向西南方向延伸（图 4-39）。

长 $4+5_1^2$：油砂体呈条带状沿北东—南西向分布，含油面积一般，主要分布在研究区中部部地区（图 4-40）。

延 9^2：油砂体发育规模中等，在研究区中部呈条带状分布，延伸长度不等，最长约 2.8km（图 4-41）。

延 9_1^2：油砂体较为发育，在研究区南部呈条带状分布，油层面积较大、厚度较大，含油条带砂体宽度一般为 0.6~1.2km，长度约 4.3km（图 4-42）。

（4）各小层油藏平面分布规律。

① 研究区延 9 油藏平面分布主要呈条带状沿着主河道发育方向呈南西—北东向延伸，延伸长度不等，最长约 4.3km，含油面积中等，油藏主要分布在研究区中部和东南部。长 4+5 油气平面分布主要呈条带状沿水下分流河道发育方向向西南方向延伸，含油面积最大，含油砂体宽度最大，延伸长度不等，从而形成西南方向油层分布连续性明显高于北西向（即沿主河道发育方向油层连续性好于垂直主河道发育方向）。

② 从平面连片分布来看，长 $4+5_2^1$ 段连片分布特征最好，油层钻遇率高，油井系数也高，在研究区东北部厚度大于 10m 的油砂体连片展布。其次是延 9_1^2 小层，主要的油砂体分布在研究区东南部地区，油藏分布广、厚度大、连片性好。长 $4+5_2^2$、长 $4+5_1^2$ 和延 9^2 油砂体在研究区呈条带状零星展布，油砂体厚度和连片性都不及延 9_1^2 小层组。

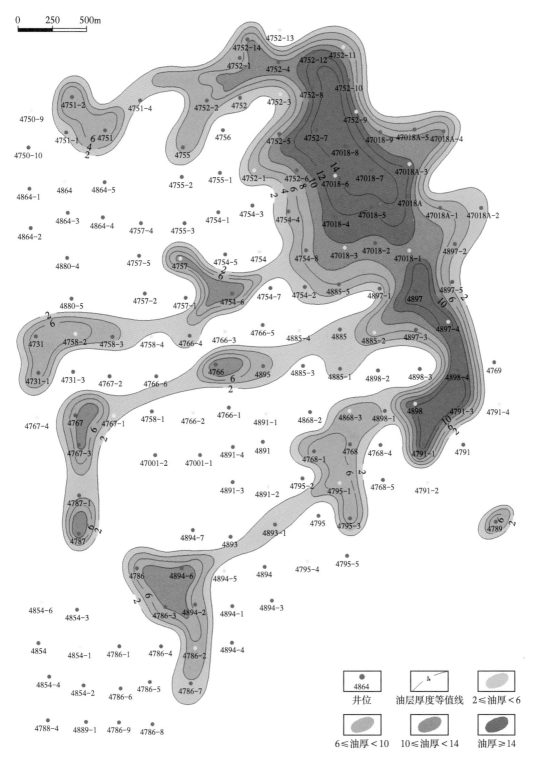

图 4-39　白马崾岘—麻子涧油区延长组长 $4+5_2^1$ 小层油层厚度平面图

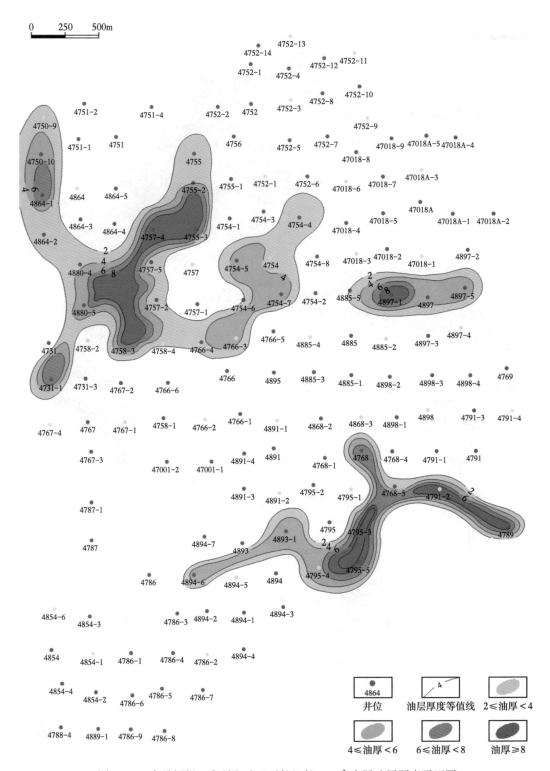

图 4-40　白马崾岘—麻子洞油区延长组长 $4+5_1^2$ 小层油层厚度平面图

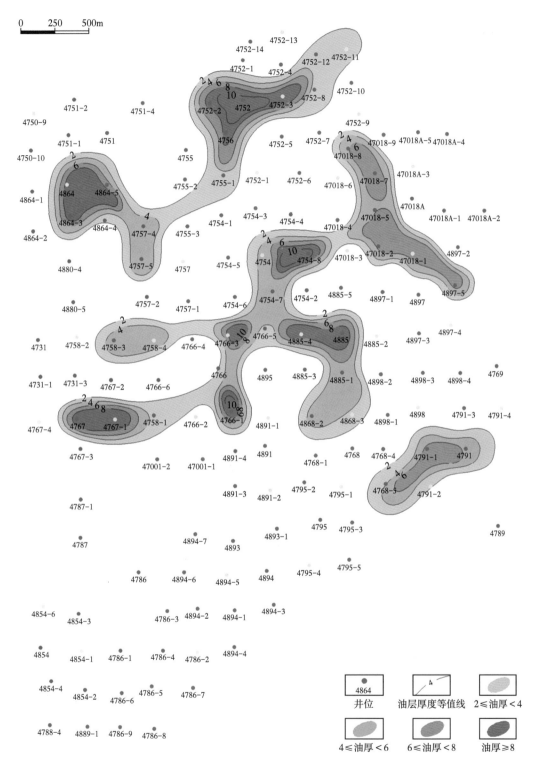

图 4-41　白马崾岘—麻子涧油区延长组延 9² 小层油层厚度平面图

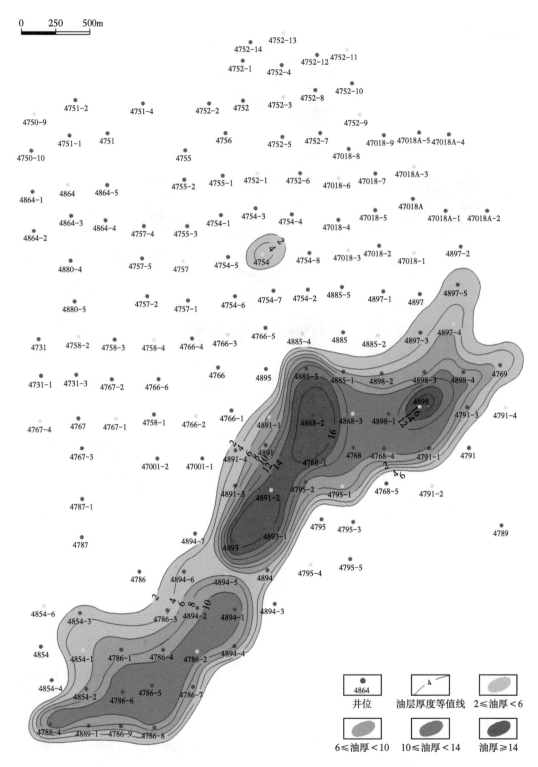

图 4-42 白马崾岘—麻子涧油区延安组延 9_1^2 小层油层厚度平面图

2. 滚动勘探开发规划

1）宏观规划开发层系

白马崾岘—麻子涧油区长 $4+5_2^1$ 及延 9_1^2 油层组油藏分布广、厚度大、连片性好，为该区主力勘探开发层系，长 $4+5_1^2$ 和延 9^2 油层组局部地区油藏较为富集，可以兼顾开发，延 9_1^1 和长 $4+5_2^2$ 油层组油藏零星展布，含油面积较小，目前开发价值较小。

（1）研究区长 $4+5_2^1$ 和延 9_1^2 小层油层连片展布，油层厚度大，所以该区域优先开发长 $4+5_2^1$ 和延 9_1^2 小层（图 4-39 和图 4-41）。

（2）研究区长 $4+5_1^2$ 和延 9^2 小层油层厚度较大，连片性较好，可兼顾开发长 $4+5_1^2$ 和延 9^2 小层（图 4-40 和图 4-42）。

2）以查层补孔为手段，提高单井产量

根据建立的白马崾岘—麻子涧地区测井解释标准及生产实际，对研究区评价井及采油井逐层测井重新解释。提出以下射孔原则：

（1）对于复查后射孔层为油层，则该层全射开；若拟射层为油水同层，则射开该层段的上半部；若拟射层为含油水层，则射开该层段顶部 1~1.5m 为宜，其目的是提高对含油层的有效动用，降低含水率。

（2）严格控制对隔夹层进行射孔作业，避免水串。射孔密度 16 孔/m。

3）以现有井网为基础，加快实施注水开发，实现油井稳产

由于可供开采的油田面积及地质储量有限，因此提高油田的采收率迫在眉睫，就目前陕北中生界石油开采情况而言，注水开发可较大提高最终采收率及单井产量，从而大大提高经济效益。研究区油藏无明显边底水，属自然驱动能量很弱油藏，因此，注水是实现油田高产稳产的有利部位。研究区目前井网完善程度较好，应在井网已完善井区尽快实施注水，其余井区通过滚动开发完善一个则立即完善注采井网，新井区应提早注水以提高地层压力，实现高产稳产。

注水原则：

（1）鉴于油藏属低孔特低渗储层类型，建议实施反七点法或不规则点状面积注水方式。

（2）注水井的选择以一线收益井多、井况质量好为原则，最好是直井。

（3）由于前期开采造成地层压力亏空较大，初期实施逐步提高注水压力，之后实施有条件的强注，之后实施温和注水模式，严禁超注。

（4）研究区储层多属于小孔隙细喉道储层类型，易于受到伤害，因此必须严格控制注入水水质标准。

（5）优先注采主力油层，对分布面积小、油层较薄等部位在第二梯队开采。

（6）对注水井网实行长期注水动态监测，根据动态资料随时进行调整，保证最终采收率及经济效益的最大化。

4）进一步完善注采井网

白马崾岘区块已进入开发的中期阶段，井网已经基本完善，但仍有个别区域井网并不完善，甚至存在油层富集的区域没有布井。针对这些情况对以下区域布井以完善井网，实行系统注采。

根据沉积相特征，有效砂体、油层厚度及孔隙度、渗透率展布规律，结合试油资料针

对长 4+5 和延 9 油层组部署 10 口完善井网井和 2 口扩边井。其中针对长 4+5 油层组部署完善井网井 5 口和扩边井 2 口（图 4-43）；针对延 9 油层组部署完善井网井 3 口（图 4-44），通过分析注采连通图部署建议转注井 2 口（图 4-45）。

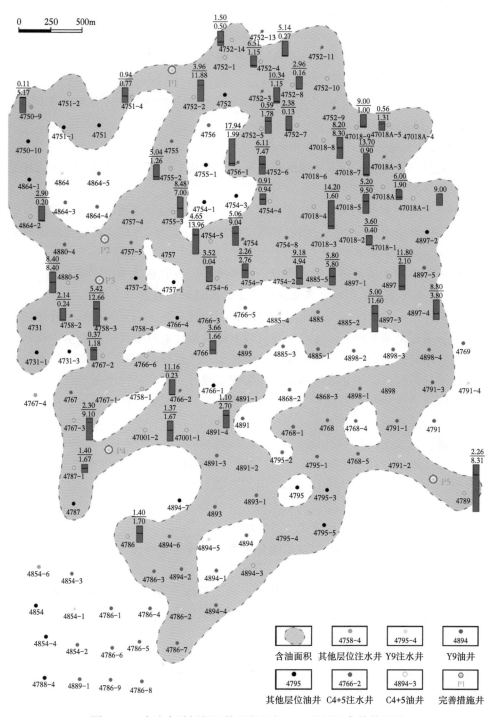

图 4-43　定边白马崾岘区块延长组长 4+5 油层组完善井网图

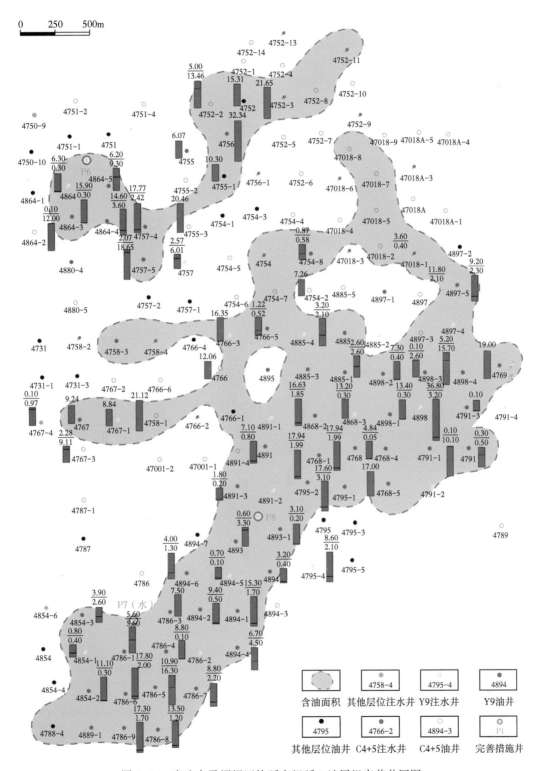

图4-44　定边白马崾岘区块延安组延9油层组完善井网图

5) 坚持滚动扩边开发，扩大含油面积，以新井补充提高产量

根据沉积相特征，有效砂体、油层厚度及孔隙度、渗透率展布规律，结合试油资料针对长 4+5 和延 9 油层组部署两口扩边井（图 4-46）。

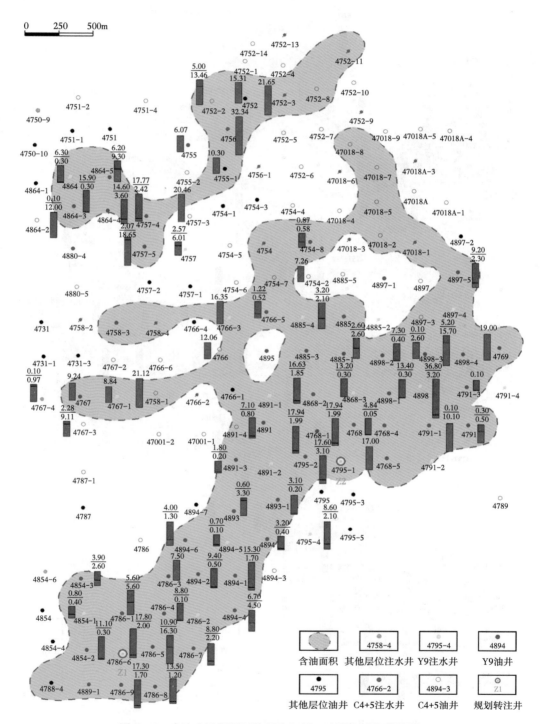

图 4-45　定边白马崾岘区块延安组延 9 油层组转注井位图

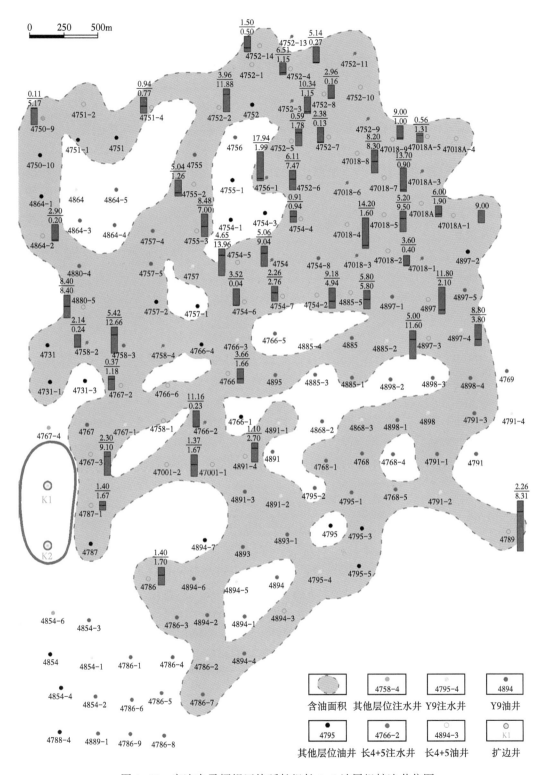

图 4-46 定边白马崾岘区块延长组长 4+5 油层组扩边井位图

第五章　多层系油藏开发地质设计

立体式滚动勘探开发内涵：从点到面，从上到下，从里到外，逐渐摸索和认识，发现一块，外绕发现井及时投入开发。

樊学油区是定边油田主力开发区域，也是近年来主要的上产区，经过多年的勘探开发，已发现了延4+5、延6、延7、延8、延9、延10、长1、长2、长3、长4+5、长6、长7、长8等多套层系。延安组延6、延9找到了两个高产层位，深层长4+5、长6、长8取得了重大突破。

樊学油区的开发是定边油田发展史上一个重要里程碑。油区始探于1998年，主要是国内一些企业单位和个人投资开发，均以延9、长2为目的层，开发面积仅4km²，钻井32口，年产油量3000t。2003年定边石油钻采公司开始进行扩边勘探开发，开发目的层亦是长2以上油层，但效果不佳。2005年全面开发长4+5油层。2006年延6、延9、长4+5、长8油层投入开发。2008年开发长4+5低电阻油层获得成功。

樊学油区于2004年开始注水开发，截至目前该区共有注水井348口，控制油井1468口，注水控制面积150km²，注水动用储量约5000×10⁴t，日配注水量4790m³，日实注水量2879m³。根据开发经验，延长组长4+5油藏采用500×130m菱形反九点注采井网，延长组长8油藏采用450×120m菱形反九点注采井网，这种注采井网较为灵活，便于后期注采井网调整，当角井高含水或者水淹后，可对其进行转注，使得原来的菱形反九点注采系统转变成线性注采系统；延安组油藏物性相比延长组较好，采用280×280m正方向反九点注采井网。

第一节　开发原则

（1）本着持续有效开发的总体思路，立足于现有生产井网，优选油气富集区实施注水开发，保持地层能量，实现效益开发。

（2）遵循"整体部署、先肥后瘦，分批实施"方案，结合当前生产现状，按注水井组为单元，逐步配套完善注采井网，鉴于延安组与延长组储层展布的差异性，延长组与延长组采用不同的注采井网注水方式，延安组延9油藏采用正方形井网；延长组长4+5、长8油藏采用菱形反九点井网。

（3）根据纵向油气富集规律以及储层特点，必须实施分层系注水、分注合采的温和开采模式，注采比选取不大于1~1.2为宜；注水井的选择必须以钻遇连通层最多、周围一线受益井多为原则，与采油井连通层一次射开。

（4）本层系采油井射开层位应先下逐渐向上逐段射开，当下段储层无效益时再决定上返。

（5）坚持滚动开发，当滚动评价井取得明显经济效益，立即实施先期注水开发模式，并逐步完善注采井网。

132

第二节　层系划分与组合

一、层系划分与组合的目的

（1）减缓层间矛盾：油田采收率和产能在不同程度上受油层物性差异的干扰和影响。如果把渗流物性、原油性质、油层原始压力、驱动条件、构造特征等因素差异较大的油层分开开采，就会减缓层间矛盾，充分发挥各个油层的作用。从而有效地提高注入水纵向波及系数和油藏水驱开发效果。

（2）利于开发与管理：划分层系后有利于采用先进的分层注水采油工艺技术，从而有利于油田的开发与管理，提高油藏整体的注水开发效果。

（3）保持油田稳产：有利于遵循合理的开发程序，按照国家对原油产量的要求，将不同开发层系分期投入开发，为保持油田长期高产稳产创造有利条件。

（4）提高开发效益：划分层系后有利于加快油田开发速度，缩短开发年限，从而提高资金的投资周转率和油田开发经济效益。

二、层系划分与组合的原则

（1）具备一定的储量和产能：一套独立的开发层系应具有一定的储量，以保证油井具有一定的生产能力，达到较好的技术经济指标，并使得油井具有高产稳产的储量基础。

（2）具有良好的隔层：一套开发层系上下必须有良好的隔层，以便在注水开发条件下可以与其他层系严格分开，防止不同层系之间的窜流和干扰，以免造成开发动态的复杂化。

（3）油层性质相似：同一开发层系的油层性质应相似，主要是各砂体的渗透率和延伸分布状况不能相差太大，以保证层系内各油层对注水方式和注采井网具有共同的适应性。

（4）原油性质接近：同一开发层系内的油层构造形态、油水分布、压力系统和原油性质应接近一致。

（5）井段长度适宜：开发井段不宜过长，相邻油层尽可能组合在一起，避免层系划分过细，保证目前采油工艺技术水平的适应性，以免造成开发阶段的复杂化，减少投资和建设工作量，提高综合经济效益。

三、经济技术界限

（1）运用经济评价方法和油藏工程方法，绘制了单井经济极限初产图版。从图 5-1 可以看出：延 6、延 9、长 4+5、长 8 油藏的单井经济极限初期日产量分别为：1.23t、1.32t、1.46t、1.53t。

（2）运用油藏工程方法，绘制了单井经济极限 Kh 图版（刘爽等，2011）。从图 5-2 至图 5-5 可以看出：延 6 油藏的单井经济极限 Kh 为：$6.5 \times 10^{-3} \mu m^2 \cdot m$；延 9 油藏的单井经济极限 Kh 为：$10.2 \times 10^{-3} \mu m^2 \cdot m$；长 4+5 油藏的单井经济极限 Kh 为 $2.21 \times 10^{-3} \mu m^2 \cdot m$；长 8 油藏的单井经济极限 Kh 为：$3.14 \times 10^{-3} \mu m^2 \cdot m$。

（3）运用经济评价方法和油藏工程方法，绘制了单井经济极限可采储量图版。从图 5-6 可以看出：延 6、延 9、长 4+5、长 8 油藏的单井经济极限可采储量分别为：1980t、3020t、3450t、3510t。

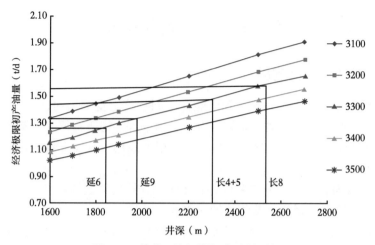

图 5-1　单井经济极限初产油量图版

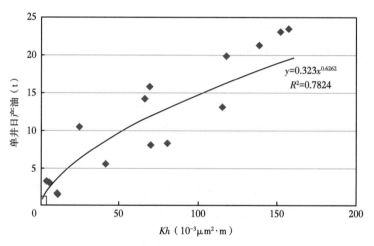

图 5-2　延 6 油藏单井初期日产量与 *Kh* 值交会图

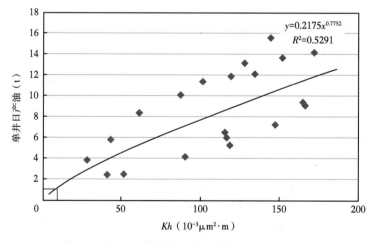

图 5-3　延 9 油藏单井初期日产量与 *Kh* 值交会图

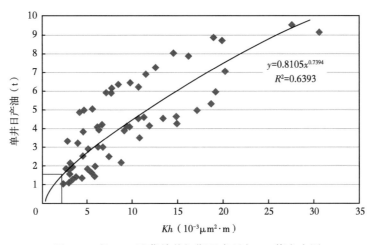

图 5-4 长 4+5 油藏单井初期日产量与 Kh 值交会图

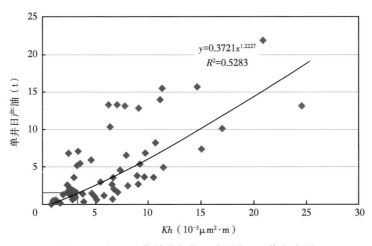

图 5-5 长 8 油藏单井初期日产量与 Kh 值交会图

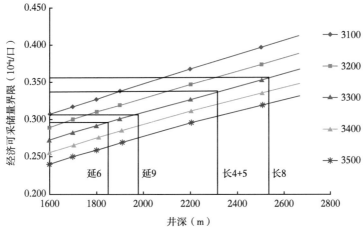

图 5-6 单井经济极限可采储量图

（4）运用油藏工程方法，确定了经济极限储量丰度，见表5-1。

表5-1 各油藏储量丰度界限表

层位	单井经济极限可采储量 （t）	采收率 （%）	井网密度 （口/km²）	储量丰度 （10⁴t/km²）
延6	2980	31	12.75	9.2
延9	3020	31	12.75	9.3
长4+5	3450	19	15.38	20.9
长8	3510	18	15.60	21.6

（5）综上所述，可以得出各个油藏经济及技术界限表，见表5-2。

表5-2 各油藏经济及技术界限表

层位	平均井深 （m）	单井经济极限初产 （t/d）	单井经济极限 kh 值 （10⁻³μm²·m）	单井经济极限可采储量 （t）	储量丰度 （10⁴t/km²）
延6	1840	1.23	5.6	2980	9.2
延9	1960	1.32	10.2	3020	9.3
长4+5	2310	1.46	2.21	3450	20.9
长8	2560	1.53	3.14	3510	21.6

四、层系划分与组合依据

（1）延安组与延长组之间以不整合面分割，压力系统不一致。

（2）延安组低幅度构造的分布对油气的分布起一定的控制作用，为构造—岩性复合型油藏；延长组油气分布主要受物性及岩性控制，为典型的岩性油藏。

（3）延安组储层物性以中孔低渗为特征，局部存在中渗分布区域；延长组为低孔特低渗为特征，两开发层系储层物性特征存在差别。

（4）本区长1段为以泥岩为主的不含油层段，长2、长3段零星含油，两开发层系之间存在明显巨厚隔层。

（5）本区层系经济及技术界限值存在较大差距，见表5-3。

表5-3 研究区层系经济及技术界限值比较表

层位	平均井深 （m）	单井初产（t/d）		单井可采储量（t）		储量丰度（10⁴t/km²）		Kh（10⁻³μm²·m）	
		经济 极限值	实际值	经济 极限值	实际值	经济 极限值	实际值	极限值	实际值
Y6	1840	1.23	8.33	2980	6443	9.2	26.5	6.5	163.1
Y9	1960	1.32	6.43	3020	8558	9.3	35.2	10.2	266.8
C4+5	2310	1.46	4.09	3450	5003	20.9	40.5	2.21	5.0
C8	2560	1.53	5.47	3510	4215	21.6	27.4	3.14	8.2

五、层系划分与组合结果

依据制定的开发原则，体现长期经济有效持续发展思路，根据纵向油气分布规律以及储层物性、油藏压力系统分布特点，将研究工区纵向研究目的层段划分为三个开发层系，见表5-4。

第一开发层系（延安组）：以延9段为主要开发层系，兼顾延6目的层段。

第二开发层系（延长组）：以长4+5段为主要开发层系，兼顾长6^1目的层段。

第三开发层析（延长组）：以长8段为主要开发层系。

表5-4 研究区层系划分与组合结果表

开发层系	层位	有效厚度（m）	渗透率（$10^{-3}\mu m^2$）	孔隙度（%）	油藏类型	油藏跨距（m）
第一套	延6	3.5	46.01	16.5	岩性—构造油藏	130
	延9_2	4.7	49.82	16.6		
	延9_3	4.3	56.86	16.8		
	平均	4.17	46.00	16.5		
第二套	长$4+5_1^1$	5.2	1.09	11.7	岩性油藏	90
	长$4+5_1^2$	5.5	0.98	11.4		
	长$4+5_2^1$	4.4	1.03	11.6		
	长$4+5_2^2$	4.9	0.80	10.3		
	平均	5	0.98	11.2		
第三套	长8_1^1	3.5	0.53	8.9	岩性油藏	85
	长8_1^2	4.8	0.57	8.8		
	长8_2^1	7.4	0.47	8.7		
	平均	5.2	0.51	8.8		

第三节 开 发 方 式

研究区预设三套开采方案：方案一为1套合采，将延安组、长4+5与长8油藏一并开采；方案二为2套分采，对延安组油藏、延长组油藏（长4+5、长8）分别进行开采；方案三为3套分采，分别对延安组油藏、长4+5油藏、长8油藏进行开采。具体合采、分采数值模拟方案设计见表5-5。

表5-5 合采、分采数值模拟方案设计表

方案编号	方案名称	层位	井排方向	井距（m）	排距（m）
1	1套合采	合采	NE70°	280	280
2	2套分采	延安组	NE70°	280	280
		长4+5、长8		500	130

续表

方案编号	方案名称	层位	井排方向	井距（m）	排距（m）
3	3套分采	延安组	NE70°	280	280
		长4+5		500	130
		长8		450	120

一、对比合采、分采的优势

（1）由樊学不同层系组合方案含水随时间变化曲线图（图5-7）、樊学不同层系组合方案采出程度随含水变化曲线图（图5-8）、以及樊学不同层系组合方案采油速度随时间变化曲线图（图5-9）可以看出：在方案三3套分采的开采方式下，油藏采出程度大、采油速度快。

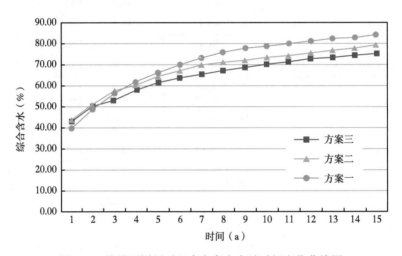

图5-7 樊学不同层系组合方案含水随时间变化曲线图

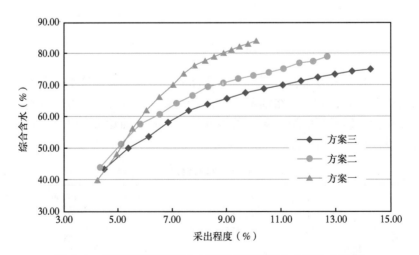

图5-8 樊学不同层系组合方案采出程度随含水变化曲线图

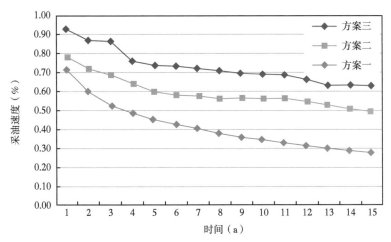

图 5-9 樊学不同层系组合方案采油速度随时间变化曲线图

（2）根据方案一（合采）、方案二（长 4+5 与长 8 合采）、方案三（分采）三种开采方案下层系采油（采液）强度柱状图可以看出（图 5-10 至图 5-12）：在方案三（3 套分采）的开采方式下，5 年末 3 套油藏的采油采液强度仍保持较高水平，延安组油藏 5 年末的采油强度为 0.35t/（d·m），采液强度为 0.88t/（d·m）；长 4+5 油藏 5 年末的采油强度为 0.102t/（d·m），采液强度为 0.24t/（d·m）；长 8 油藏 5 年末的采油强度为 0.22t/（d·m），采液强度为 0.33t/（d·m）。

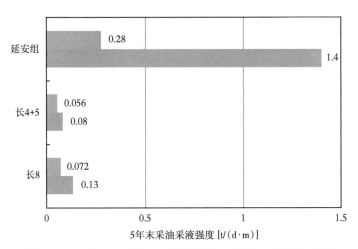

图 5-10 方案一（合采）各层系采油（采液）强度柱状图

（3）根据方案一（合采）、方案二（长 4+5 与长 8 合采）、方案三（分采）三种开采方案下 5 年末各层系压力系数图可以看出（图 5-13 至图 5-15）：在方案三（3 套分采）的开采方式下，延安组油藏，长 4+5 油藏、长 8 油藏的压力系统保持稳定状态，分别为 0.56、0.55 与 0.58。

（4）根据不同方案指标对比表可以看出（表 5-6）：方案三（3 套分采）开发效果好，最终采收率大。

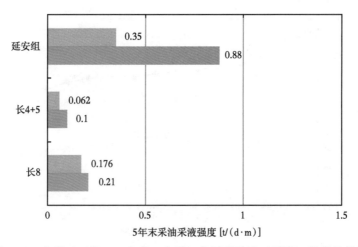

图5-11 方案二（长4+5与长8合采）各层系采油（采液）强度柱状图

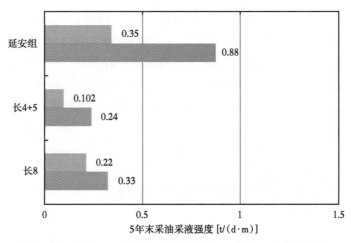

图5-12 方案三（分采）各层系采油（采液）强度柱状图

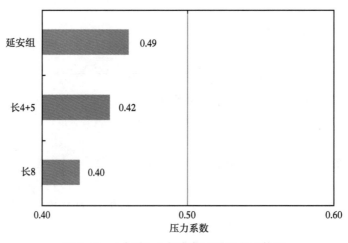

图5-13 （合采）5年末各层系压力系数图

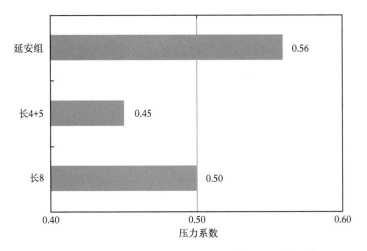

图 5-14 （长 4+5 与长 8 合采）5 年末各层系压力系数图

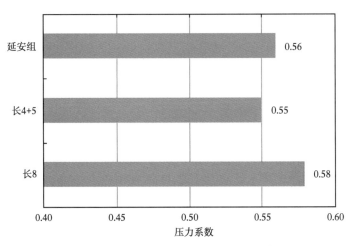

图 5-15 （分采）5 年末各层系压力系数图

表 5-6 不同方案指标对比表

方案	方案名称	5 年末累计产油量（10⁴t）	5 年末采油速度（%）	5 年末地层压力（MPa）	5 年末采出程度（%）	最终采收率（%）
1	1 套合采	9.17	0.27	5.1	10.1	15.9
2	2 套分采	13.27	0.49	7.3	12.7	20.3
3	3 套分采	15.99	0.63	7.8	14.3	22.9

二、开采方案的确定

（1）综上所述，方案三为最优方案，分长 8、长 4+5 和延安组三套层系开发。

（2）在多层系含油面积叠合区域，老井归位采取"就下不就上"原则，即长 8 油藏有效厚度范围内的老井全部归到长 8 油藏，长 4+5、延安组重新打井，以此类推，形成三套井网开发互不干扰。

（3）在现有已基本形成的井网区域，以加密、转注等方式对注采井网进行完善调整，整体部署，分步实施。

（4）新开发井原则上部署在延安组有效厚度 2m 线以上，长 4+5、长 8 有效厚度 5m 线以上的区域。

第六章 多层系油藏注水开发工程论证

第一节 各层系注采井网的优化

一、井排方向

根据地质研究成果、示踪剂监测（图6-1和图6-2）及邻区相关资料（表6-1）综合分析认为本研究区裂缝延伸的方向大致为北东70°，因此确定井排方向为北东70°。

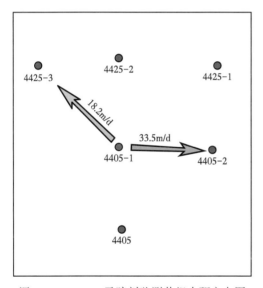 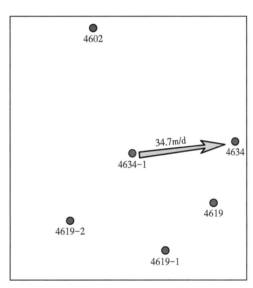

图6-1 4405-1示踪剂监测井组水驱方向图 图6-2 4634-1示踪剂监测井组水驱方向图

表6-1 相邻油田储层最大主应力方位测试结果表

油田	层位	最大主应力方位
AS油田	长6	北东55.6°~78.1°
JA油田	长6	北东60°~75°
XF油田	长8	北东70°~90°

二、井网形式优选

特低渗透油藏采用的主要井网形式包括正方形反九点井网、菱形反九点井网、矩形井网，其分别适用于裂缝不发育、较发育和发育的情况之下，采用此类井网形式的优点在于中后期均可转为排状注采井网开发（隋先富等，2009）。在井网密度相同条件下，菱形反九点井网和矩形井网的采油速率和最终采收率高于正方形反九点井网，如图6-3所示。故结合各层系地质特征，延安组推荐正方形反九点井网，延长组推荐菱形反九点法井网。

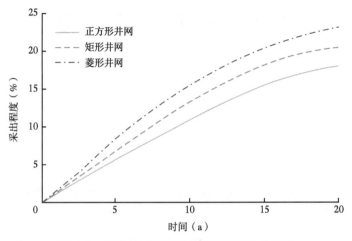

图6-3　不同井网采出程度随时间变化曲线图

三、井、排距的确定及优化

前人对鄂尔多斯盆地三叠系油藏 25 块不同渗透率岩心（渗透率为 0.022×10^{-3} ~ $8.057 \times 10^{-3} \mu m^2$，多数小于 $1 \times 10^{-3} \mu m^2$）进行室内驱替实验，获得实测启动压力梯度，绘制了理论图版（图6-4）。同时，绘制了不同渗透率情况下 k_x / k_y 与井距关系图版（图6-5）和不同渗透率情况下 k_x / k_y 与排距关系图版（图6-6），其中，X 方向为主应力方向，Y 方向为垂直主应力方向，X、Y 方向注采井距同时满足合理注采井距时，驱替效果才最好（杨延东等，2010）。在此基础上结合李道品的裂缝性和低渗透砂岩油藏布井方案参考表（李道品等，1994）（表6-2），可得出结论：设定长 8 油藏注采井距为 450m 左右、排距为 120m 左右，设定长 4+5 油藏注采井距为 530m 左右、排距为 130m 左右。

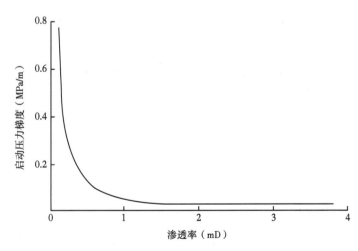

图6-4　启动压力梯度与岩心渗透率关系曲线图

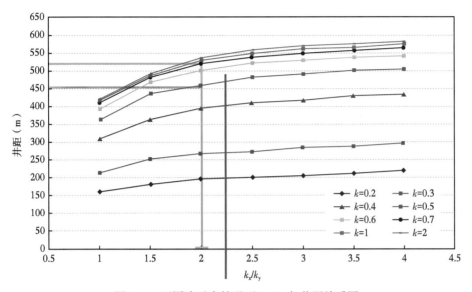

图 6-5 不同渗透率情况下 k_x/k_y 与井距关系图

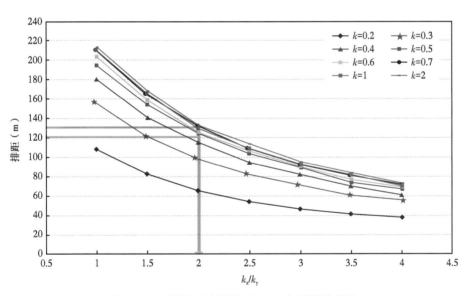

图 6-6 不同渗透率情况下 k_x/k_y 与排距关系图

表 6-2 裂缝性和低渗透砂岩油藏布井方案参考表（李道品，2011）

裂缝特征		无裂缝	微裂缝	小裂缝	中大裂缝
		井距=排距	井距=2~3排距	井距=3~4排距	井距=4~5排距
超低渗透 $k<1\times10^{-3}\mu m^2$	排距（m）	<100	<100	<100	<100
	油井距（m）	（正方形、反九点）	150~200	200~250	250~300
	水井距（m）		300~400	400~500	500~600

裂缝特征		无裂缝	微裂缝	小裂缝	中大裂缝
		井距=排距	井距=2~3排距	井距=3~4排距	井距=4~5排距
特低渗透 k: $1×10^{-3}$~ $10×10^{-3}$ μm²	排距（m）	100~150	100~150	100~150	100~150
	油井距（m）	（正方形、反九点）	200~250	250~300	300~350
	水井距（m）		400~500	500~600	600~700
较低渗透 $k>10×10^{-3}$ μm²	排距（m）	>150	>150	>150	>150
	油井距（m）	（正方形、反九点）	250~300	300~350	350~400
	水井距（m）		500~600	600~700	700~800

四、各层系油藏注采井网的确定

延安组油藏采用正方形井网，280m×280m，NE70°，井网密度12.75口/km²，边部结合含油边界适当调整；长4+5油藏采用菱形反九点井网，500m×130m，NE70°，井网密度15.38口/km²，长8油藏采用菱形反九点井网，450m×120m，NE70°，井网密度18.5口/km²，具体井网形态如图6-7所示，自上而下依次为延安组、长4+5、长8井网样式形态。

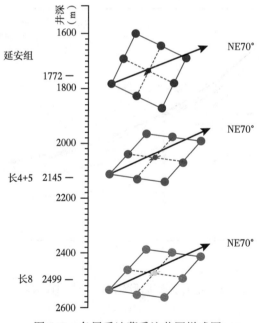

图6-7　各层系油藏采注井网样式图

第二节　各层系压力系统的优化

一、合理地层压力的确定

合理压力水平是指既能满足油田提高排液量的地层能量的需要，又不会造成原油储量损失、降低开发效果的压力水平。

1. 图解法

在一定含水率和最小流动压力下，计算不同地层压力下的采出体积的变化，根据注采平衡原理，可得到采出体积×注采比之积与地层压力的关系曲线（定为采出曲线），然后在同样含水率下给定最大合理注水压力，计算不同地层压力下注入体积的变化，可得到注入体积与地层压力的关系曲线（定为注入曲线），这两条曲线的交点处即为注采平衡点，对应的地层压力为注采平衡压力。在不同的注水压力和不同的流动压力下，可得到不同的注采平衡交点，即建立起不同的压力系统，产液量也随之改变，另外，注入与采出曲线还与注水井数和采油井数有关，改变这两个参数同样可以使注采平衡交点发生改变。（李彦平等，2003；张宏友等，2017）

2. 计算法

在现有井网及工艺条件下，不同含水时期的注采平衡压力。若对井网及工艺进行调整，则可得出调整后的合理地层压力（王燕等，2017；张宏友等，2017；谢晶等，2019）。

通过表6-3可以看出，在评价合理地层压力水平时可分为三个类别。当地层压力大于0.8MPa时，属第一类好至较好级别；当地层压力处于0.8~0.7MPa之间时，属第二类合适级别；当地层压力小于0.7MPa时，属第三类较差至太差级别。

表6-3　合理地层压力保持水平评价标准表

类别	一类		二类	三类	
级别	好	较好	合适	较差	太差
p_R（MPa）	>0.9	0.9~0.8	0.8~0.7	0.7~0.6	<0.6

二、地层注采平衡压力的确定

油田排液量可用下式表示：

$$q_1 = J_1 J_o H_{有} AN(p_R - p_{wf})$$

油田注水量的计算式为：

$$q_i = I_w H_{沙} BN_i(p_{wf} - p_R)$$

式中　q_1——油田排液量，t/d；

　　　q_i——油田注水量，m^3/d；

　　　J_1——无因次采液指数；

　　　J_o——原始采油指数，t/(MPa·m·d)；

　　　I_w——吸水指数，m^3/(MPa·m·d)；

　　　p_R——地层压力，MPa；

　　　p_{wf}——井底压力，MPa；

　　　$H_{有}$，$H_{沙}$——油井有效厚度、水井砂层厚度，m；

　　　N，N_i——油、水井数，口；

　　　A，B——油、水井厚度动用系数。

将油田排液量换算成地下体积，则 $q_i = I_w H_{沙} BN_i$（$p_{wf}-p_R$）公式变换为（苗大军等，2002；李彦平等，2003）：

$$q'_1 = [J_L J_0 (1 - f_w) B_c + J_L J_0 f_w] H_{有} AN/N_i (p_R - p_{wf})$$

式中　q'_1——采油井采出地下体积（地下体积），m^3/d；

　　　　B_c——体积换算系数（无因次），$B_c = B_0/\gamma_0$；

　　　　f_w——含水率。

根据注采体积平衡原理，有下式：

$$q_i = IPR q'_1$$

式中　IPR——注采比（无因次）。

将其式代入 $q'_1 = [J_L J_0 (1 - f_w) B_c + J_L J_0 f_w] H_{有} AN/N_i (p_R - p_{wf})$ 式中得出注采平衡时的地层压力，此压力为下式（许荣奎等，2005）：

$$p_R = \frac{[J_L J_0 (1 - f_w) B_c + J_L J_0 f_w] H_{有} ATIPR \, p_{wf} + J_w H_{砂} B p_{iwf}}{(J_L J_0 (1 - f_w) B_c + J_L J_0 f_w) H_{有} ATIPR + J_w H_{砂} B}$$

式中　T——油水井数比，$T = N/N_i$，在式中，无因次采液指数 J_L 可由室内相对渗透率曲线，通过高斯逼近得到含水与无因次采液指数关系：

$$J_L = a_0 + a_1 f_w + a_2 f_w^2 + \cdots + a_n f_w^n$$

而吸水指数 I_w 可由注水井实际测试资料，通过高斯逼近得到含水与吸水指数关系（图6-8）：

$$I_w = b_0 + b_1 f_w + b_2 f_w^2 + \cdots + b_n f_w^n$$

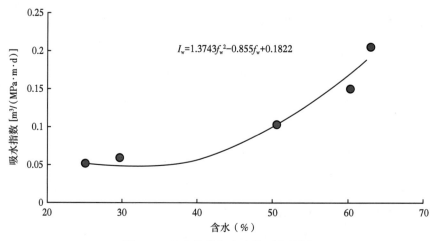

图6-8　吸水指数与含水关系曲线图

原始采油指数 J_0 由试油资料求得，先在双对数坐标上作出每米采油指数 J_0 与流度的线性关系（图6-9），即：

$$\lg J_0 = a \lg(k/\mu_0) + b$$

确定出经性关系的回归系数 a、b 的值之后，再将油藏各小层平均流度代入上式，则可得到 J_0 的值。

上面三式中：

k——渗透率，$10^{-3}\mu m^2$；

μ_o——地下原油黏度，$mPa\cdot s$；

a、a_0、a_1、$\cdots$、a_n、b、b_0、b_1、$\cdots$、b_n——回归系数。

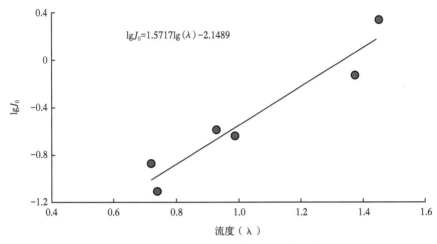

图6-9 每米无水期采油指数与流度关系曲线图

根据长庆油田的经验公式，用最小流动喉道半径法确定最大合理压差：

$$\Delta p = 0.077 p_C \ln \frac{R_e}{r_C}$$

最小流动喉道半径对应的毛管压力为13.8MPa，最大生产压差为10MPa左右，根据地层压力及流动压力的合理保持水平，计算出各油层组合理生产压差，见表6-4：延9油层组合理生产压差为7.27MPa，长4+5油层组合理生产压差为10.73MPa，长8油层组合理生产压差为11.54MPa。

表6-4 各油层组合理生产压差测算表

油层组	合理地层压力均值 （MPa）	合理流压 （MPa）	合理生产压差 （MPa）
延9	9.97	2.7	7.27
长4+5	16.53	5.8	10.73
长8	17.74	6.2	11.54

三、最大合理注水压力的确定

注水井最大合理注水压力是既能充分满足注水工作的需要，又使地层被压破的概率最小的注水压力（李彦平等，2003）。

$$p_{iwf} = p_h = p_破 (1-X)$$
$$p_破 = D_中 \gamma$$

式中　p_{iwf}——水井井底流压，MPa；

　　　p_{h}——最大合理注水压力，MPa；

　　　$p_{\text{破}}$——地层破裂压力，MPa；

　　　X——破裂概率，小数；

　　　Y——破裂压力梯度，MPa/m。

由于本次研究没有相应的注水启动压力、吸水指数等有关注水资料数据，因此采用邻近油田的经验进行计算。罗庞塬—高台区域现场测试地层破裂压力为35~40MPa，平均为37.5MPa，注水井最大流动压力主要受地层破裂压力的限制，依据注水井最大流动压力不超过破裂压力的90%的原则，确定注水井最大流动压力为33.75MPa，考虑井筒摩阻损失，最大井口注水压力为12.0~20.0MPa。

油田开发进入中后期，由于含水上升，为了保持稳产，总产液量就要升高，要保持一定的地层压力水平，必须提高注水量、注水压力也会有所上升。

四、合理最小油井井底流压的确定

采油井井底流压 p_{wf} 不仅与下泵深度有关，还与含水的变化有关，其表达式为（李彦平等，2003）：

$$p_{\text{wf}} = p_{\text{p}} + 0.01\gamma_{\text{混}}(D_{\text{中}} - D_{\text{挂}})$$

其中：

$$p_{\text{p}} = \cfrac{g}{\cfrac{\frac{1}{\beta} - 1}{1 - f_{\text{w}}} + S}$$

$$\gamma_{\text{混}} = \gamma_0\left(1 - f_{\text{w}}\right) + \gamma_{\text{w}} f_{\text{w}}$$

式中　p_{wf}——油井井底流压，MPa；

　　　p_{p}——保证一定沉没度，达到合理泵效所需的泵口压力下限值；不同含水下的合理泵口压力，MPa；

　　　f_{w}——综合含水，小数；

　　　$\gamma_{\text{混}}$——油井井筒内混合液相对密度；

　　　$D_{\text{中}}$——油层中部深度，m；

　　　$D_{\text{挂}}$——泵挂深度，m；

　　　g——油气比，m^3/m^3；

　　　β——有杆泵的充满系数；

　　　S——天然气溶解系数，m^3/m^3；

　　　γ_0，γ_{w}——地下油、水相对密度。

根据初期生产井流压不低于饱和压力的2/3，得到的合理流动压力应为8.7MPa；综合确定合理流动压力为5~7MPa。

综上所述，主力层位的压力系统设计参数见表6-5。

表6-5　主力层位压力系统设计表

层位	井底破裂压（MPa）	井口最大注水压力（MPa）	合理生产压差（MPa）	地层压力保持水平	
				滞后注水	超前注水
延9	36.70	13.51	7.27	80%~90%	
长4+5	48.68	17.60	10.73	80%~90%	105%~110%
长8	56.70	20.50	11.54	80%~90%	105%~110%

第三节　各层系水驱采收率确定

一、中国不同井网密度与采收率的经验公式法

从我国许多油田的生产实践可以看出，井距缩小，采收率有明显提高。关于井网密度与采收率的关系，中国北京石油科学院根据144个油田或开发单元的实际资料，将流动系数（k/μ）划分为5个区间，分别回归出5个区间原油采收率与井密度的关系，见表6-6。

表6-6　中国油田不同流动系数的井网密度与采收率关系表达式

类别	流度[$10^{-3}\mu m^2/(mPa \cdot s)$]	油藏个数	回归公式
Ⅰ	300~600	13	$E_R = 0.6031e^{-0.02021 \cdot S}$
Ⅱ	100~300	27	$E_R = 0.5508e^{-0.02354 \cdot S}$
Ⅲ	30~100	67	$E_R = 0.5227e^{-0.02635 \cdot S}$
Ⅳ	5~30	19	$E_R = 0.4832e^{-0.04523 \cdot S}$
Ⅴ	<5	18	$E_R = 0.4015e^{-0.10148 \cdot S}$

式中　E_R——原油采收率，%；

S——井网密度，口/km^2。

二、陈元千经验公式

此公式是我国石油专业储量委员会办公室归纳推导的经验公式，比较简单，只涉及地层渗透率和地层油黏度，其公式如下（陈元千等，2000；陈元千等，2009）：

$$E_R = 21.4289\left(\frac{K}{\mu_0}\right)^{0.1316}$$

符号意义同上，根据此公式计算出的结果见表6-7。

表6-7　陈元千经验公式计算结果

层位	平均渗透率（$10^{-3}\mu m^2$）	黏度（mPa·s）	采收率（%）
长4+5	0.81	1.15	24.52
长6	0.86	1.15	24.20
长8	0.77	1.15	24.42
延长组	0.81	1.15	24.38

三、谢尔卡乔夫公式

实际生产过程中，采收率与井网密度有直接关系，但是对于一个油田来说井网密度必须与经济效益综合起来考虑。

关于井网密度与采收率的关系，前苏联院士谢尔卡乔夫推导出了比较科学恰当的公式（豆支冬等，2013）：

$$E_R = E_D \cdot e^{-a/S}$$

式中 E_R——采收率，%；

E_D——驱油效率，%，表示油田井网密度趋于无穷大时的采收率；

S——井网密度，口/km^2；

a——波及系数指数斜率。

根据油藏的实际流度，由下表得出 E_d、a 值，再根据井网密度（S）值，求得采收率 E_R（表6-8）。

表6-8 流度与驱油效率、波及系数指数数据表

国家	油田或开发单元	序号	流度 [$10^{-3}\mu m^2/(mPa \cdot s)$]	E_D	a
中国	13	1	300~600	0.6031	0.0212
	27	2	100~300	0.5508	0.02354
	67	3	30~100	0.5227	0.02635
	19	4	5~30	0.4832	0.05423
	18	5	<5	0.4015	0.10148
前苏联	23	6	>5000	0.778	0.0052
	45	7	1000~5000	0.726	0.0082
	24	8	500~1000	0.644	0.017
	24	9	100~500	0.555	0.0196
	14	10	<100	0.42	0.02055

四、童宪章公式

$$E_R = 0.227 + 0.133[\lg(k_{ro}/k_{rw})_i - \lg(\mu_o/\mu_w)]$$

式中 E_R——采收率，%；

k_{ro}——初始油相相对渗透率；

k_{rw}——初始水相相对渗透率；

μ_o——油的黏度，mPa·s；

μ_w——水的黏度，mPa·s。

五、类比法

将研究区与油区内已开发油藏在油藏类型、渗透率、孔隙度、有效厚度、原油黏度、

试油产量等方面相近的油藏进行参数类比，确定本区采收率。

根据各公式，综合确定研究区各个主力层系的水驱采收率。分别为，延6油层组水驱采收率31%；延9油层组水驱采收率31%；长4+5油层组水驱采收率19%；长8油层组水驱采收率18%（表6-9）。

表6-9 流度与驱油效率、波及系数指数数据表

层位	全国储委油气专委公式（1985）	石油行业标准推荐经验公式法（%）	长庆油田经验公式法（%）	井网密度法（%）	综合取值（%）
延6	31.34	28.40	32.57	20.29	31
延9	32.21	29.16	33.07	20.29	31
长4+5	19.74	12.92	25.93	9.70	19
长8	18.21	7.82	25.06	16.11	18

第四节 合理产能标定

根据鄂尔多斯盆地侏罗系及三叠系油田、井区资料统计，油井单位厚度采油指数与流度的关系为：

$$lg(Ioh) = 0.473lg(K/\mu_o) - 1.077$$

式中 Ioh ——采油指数，$t/(d \cdot MPa \cdot m)$；

K——渗透率，$10^{-3}\mu m^2$；

μ_o——地层原油黏度，$mPa \cdot s$。

通过上试计算可得，延6油层组单井产能综合取值为5.2t/d，延9油层组单井产能综合取值为4.2t/d，长4+5油层组单井产能综合取值为1.3t/d，长8油层组单井产能综合取值为2.2t/d（表6-10）。

表6-10 各层系单井产能综合取值表

层位	试采法（t/d）	采油强度法（t/d）	综合取值（t/d）
延6	5.16	5.23	5.2
延9	4.69	3.76	4.2
长4+5	1.27	1.30	1.3
长8	2.36	2.17	2.2

第七章 数字油田与精细化管理

第一节 数 字 油 田

定边油田由于黄土地形地貌的特殊性，使得油区管理极其复杂，不仅不能很好地实现油田管理，同时需要大量的人力资源来实现油田的生产。因而在条件成熟的油区实施油田数字化试点工程，实现油水井场、站场实时监控、网络视频监视及报警、远程自动控制、油井工况智能分析、生产动态管理等功能，通过强化过程监督，细化环节控制，使油田的管理变得更加精细化和标准化。最终实现"同一平台、信息共享、多级监视、集中管理、分散控制"，建立按流程管理的采油队—站场—井组（岗位）"新型劳动组织结构扁平化模式，从而达到强化安全、过程监控、节约人力资源和提高效益的目标。控制平台可实现每3分钟对所辖油井电子巡井一次，巡井频率是人工巡井的800多倍，不仅降低了一线劳动工作的强度，同时使人力资源得到了有效的利用。据人事部门统计，2009年该项目运行以来已减少了30%以上的人力资源成本。另外，还使得油田的管理更加科学化、规范化、高效化，能在最短的时间内发现油井生产中存在的问题，并进行维护，为油田的规范、科学管理提供了宝贵的经验，值得推广。

一、背景介绍

定边油田位于陕西省榆林市西北，地貌为黄土高原丘陵沟壑区，海拔高度1300～1900m，目前控制油区面积1245km²，管辖油井5000多口，分布在全县8个乡镇，每个采油区分散独立，管理难度之大，企业管理成本之高可想而知。为了降低企业成本、完善企业管理、提高企业在行业中的竞争力，定边油田2009年决定成立数字化油田建设工程，建立全油田统一的生产管理，综合研究的数字化管理系统，实现"统一平台、信息共享、多级监视、分散控制"，达到强化安全、过程监控、节约人力资源和提高经济效益的目标。

东仁沟油区位于定边县砖井镇，主要开采层位为三叠系延长组：长2油层、长3油层；延安组：延8油层、延9油层。现管辖生产井场294个，生产油井398口，注水井65口，长停井58口，集输站3座，计量站23座。王圈集输站油区现共有井场42座，72口抽油机井正常生产，其中单井场27座，两口井场9座，三口井场1座，四口井场3座，五口井场1座，七口井场1座。王圈集输站油区是该区助理生产区块，该区域实施数字化建设，不仅能提高管理效率，对定边油田提升现代化管理水平具有示范性作用。

二、定边油田数字化油田试验项目建设的原则、思路和目标

1. 建设基本原则

坚持"两高、两提升、三优化、三步走"的建设原则。

"两高"：建成井站高水平的实时数据采集、电子巡井、危害预警、智慧诊断油井工况和生产指挥的专家系统。

通过数字化管理系统的应用，提高人力资源的优化效率、生产运行的管理效率、油气田开发的综合效率。

"两提升"：提升工艺过程的监控水平；提升生产管理过程的智能化水平。

"三优化"：在确保安全环保的前提下，对工艺流程、生产设施简化、优化，降低建设投资、减少管理流程。

以系统的最佳匹配为标准，对场站关键设备进行优化。

精简采油队，取消井区，推行扁平化管理，实行厂、队、站三级管理模式。

"三步走"：站内参数采集以及油水井参数巡检与报警，井场、站点图像的实时浏览监视；油井示功图计产；抽油机远程启停。

王圈集输站（监控中心）到东仁沟采油队，东仁沟采油队到采油厂信息中心，建立的数字化信息管理系统。

建立的采油厂数字化信息管理系统。

2. 建设基本思路

王圈集输站数字化油田试验项目建设基本思路为"简、配、改、优"。

简：区块场站、油水井进行关停并转，简化工艺流程，为数字化配套建设奠定基础。

配："井—站场—采油队"系统进行数字化配套建设，建立数字化管理信息平台，形成完整的数字化管理系统。

改：进行劳动组织架构扁平化改革，压缩后勤机关岗位设置，撤销单井看护点、井区、实施井站一体化管理，建立起按流程管理的新型劳动组织模式。

优：适应数字化管理和扁平化架构的要求，优化岗位职责、工作流程、管理制度，实现数字化管理的高效运行。

3. 建设目标

王圈集输站油区数字化油田试验项目建设结合陕北油田和定边油田的特点，集成、整合现有的综合资源，使油田生产管理实现从人工采集信息到计算机辅助处理，从提供数据到自动生产分析报告、应急处理方案，从信息组合到提供连续的信息流的"三个飞跃"的创新技术和管理理念，建立定边油田统一的生产调度指挥、安全管理。达到强化安全、过程监控、节约人力资源、改善生产条件和提高效益的目标。

4. 组成

主要由以下三个部分组成。

1）井场监控

井场监控如图7-1所示。

2）监控中心和站内监控组成

监控中心和站内监控组成如图7-2所示。

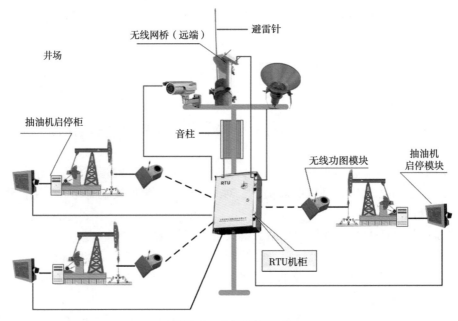

图 7-1　井场监控组成

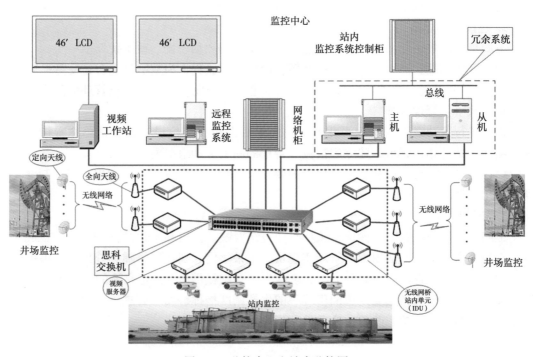

图 7-2　监控中心和站内监控图

3）监控软件组成

监控中心和站内监控软件组成如图 7-3 所示。

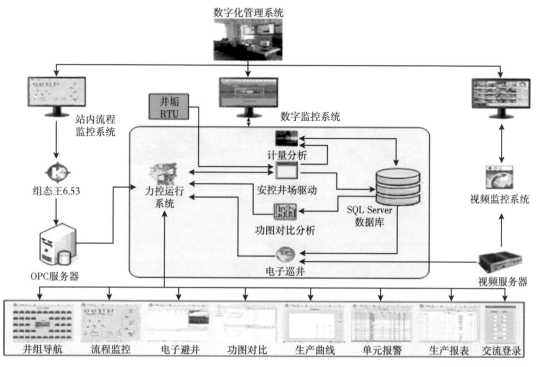

图 7-3　监控中心和站内监控软件图

5. 主要特点

1）井场进行远程实时视频监控

自动侦察入侵人员或车辆，并在站内报警，提示工作人员查看有入侵的井场，还可对有闯入报警井场喊话或自动发送语音进行警告，以达到防止偷盗的目的，同时也确保人员安全。系统自动对有报警的井场现场进行录像以便随时查看历史记录，方便回顾事件和调查取证。控制平台可实现每 3 分钟电子巡井一次，巡井频率是人工巡井的 800 多倍。井场视频画面如图 7-4 所示。

2）生产过程实时和动态智能监控

在站内各个重要区域安装摄像和投光灯进行巡视，可随时了解该区域的安全状况，以便于及时采取措施。站内巡检视频画面如图 7-5 所示。

井组分布导航图直观显示出站内流程和所辖井场，并实时显示井场汇集压力，直观了解各个井场生产状况。直接点击井场号可进入相应井场的电子巡井画面，方便查找想要了解井场的具体信息。井组分布导航图如图 7-6 所示。

按照流程显示生产过程实时数据和运行状况，可以查看该段时间内工艺参数变化曲线，更有利于指导安全生产，并设置多级报警，对风险进行预警和报警，自动提醒人工进行合适的处理。站内流程监控如图 7-7 所示。

站内重要数据的变化趋势曲线如图 7-8 所示。

3）抽油机远程启停和实时产液显示

以井场为独立单元，对所辖的油井进行管理，站点可以对油井进行远程实时监控。

图 7-4　井场视频画面图

图 7-5　站内巡检视频画面图

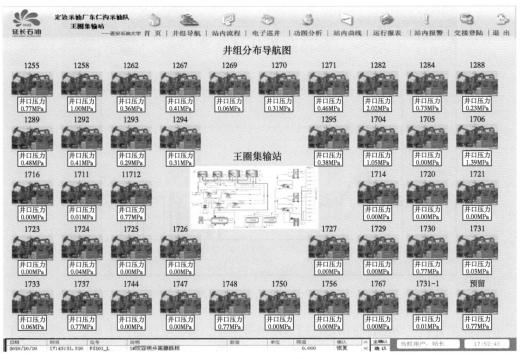

图 7-6 井组分布导航图

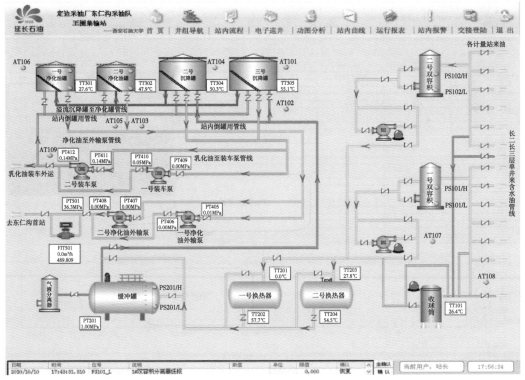

图 7-7 站内流程监控图

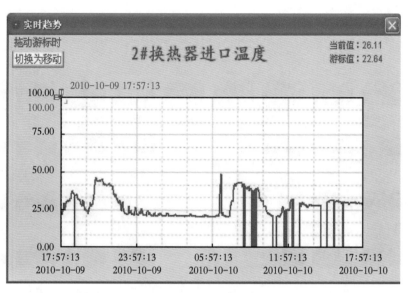

图 7-8 变化趋势曲线图

　　油井功图计产，功图计量信息可以诊断油井工况，最大限度组织生产。实时显示井口出油压力，利用油井产液量曲线描述出每口井当日及历史的油井日产液量趋势，产液量曲线也可以打印，直观了解油井生产状况。电子巡井画面如图 7-9 所示。

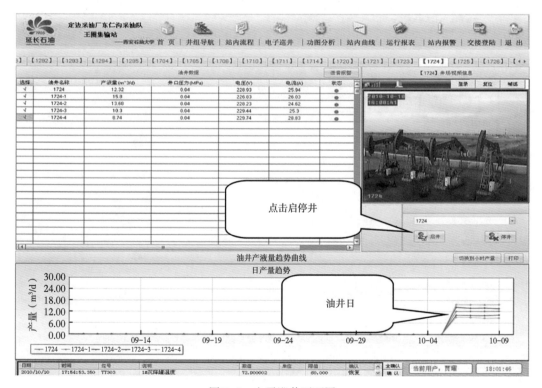

图 7-9 电子巡井画面图

油井远程启停控制，油井远程启停操作时要求用户输入指定密码，并对用户提示危险警告，同时井场会相应发出提示音，警告井场内人员注意安全，并延时一分钟启井，以防止井场发生危险。启停井提示如图 7-10 所示。

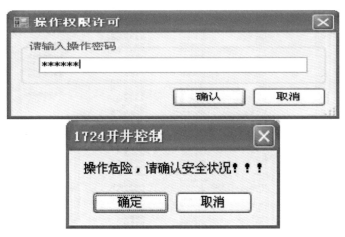

图 7-10 启停井提示图

4）功图对比分析和油井工况与故障智能分析

对任意时间段内的功图进行查询和分析，诊断该井工况。可以对同一口井在不同时间段的功图进行对比，可清楚分析油井近期工作状态的异常情况。还可对油井功图进行打印，形成纸质文档。功图对比分析如图 7-11 所示。

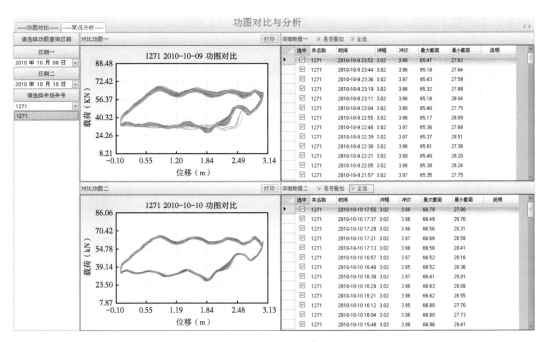

图 7-11 功图对比分析图

油井工况分析如图 7-12 所示。

井场	油井	巡井时间	油井泵况	建议与措施
1255	1255	2010-10-10	供液不足(轻微)	
1258	1258	2010-10-10	供液不足(轻微)	
1267	1267	2010-10-10	供液不足(轻微)	
1269	1269	2010-10-10	供液不足(严重)	
1270	1270	2010-10-10	供液不足(严重)	
1271	1271	2010-10-10	供液不足(轻微)	
1282	1282	2010-10-10	气体影响	请采取防气措施
1284	1284-1	2010-10-10	供液不足(轻微)	
1288	1288	2010-10-10	气体影响	请采取防气措施
1289	1289	2010-10-10	气体影响	请采取防气措施
1289	1289-1	2010-10-10	气体影响	请采取防气措施
1292	1292	2010-10-10	气体影响	请采取防气措施
1294	1294-1	2010-10-10	供液不足(轻微)	
1295	1295	2010-10-10	供液不足(严重)	
1704	1704	2010-10-10	气体影响	请采取防气措施
1706	1706	2010-10-10	供液不足(轻微)	
1711	1711-1	2010-10-10	结蜡(严重)	
1711	1711-3	2010-10-10	供液不足(严重)	
1714	1714	2010-10-10		
1720	1720	2010-10-10	气体影响	请采取防气措施
1723	1723	2010-10-10	供液不足(严重)	
1723	1723-2	2010-10-10	气体影响	请采取防气措施
1725	1725	2010-10-10	抽油杆断脱(距井口1344米左右)	
1726	1726	2010-10-10	气体影响	请采取防气措施
1727	1727	2010-10-10	气体影响	请采取防气措施
1729	1729	2010-10-10	供液不足(严重)	
1731	1731	2010-10-10	结蜡	请采取防蜡措施
1731-1	1731-1	2010-10-10	结蜡	请采取防蜡措施
1731-1	1731-2	2010-10-10	气体影响	请采取防气措施
1733	1733	2010-10-10	供液不足(严重)	
1744	1744	2010-10-10	气体影响	请采取防气措施
1744	1744-1	2010-10-10	供液不足(严重)	
1744	1744-2	2010-10-10	气体影响	请采取防气措施
1747	1747	2010-10-10		
1747	1747-1	2010-10-10	气体影响	请采取防气措施
1750	1750	2010-10-10	气体影响	请采取防气措施
1750	1750-1	2010-10-10	供液不足(严重)	
1756	1756	2010-10-10	供液不足(严重)	
1767	1767	2010-10-10	气体影响	请采取防气措施
1767	1767-1	2010-10-10	气体影响	请采取防气措施
1284	1284	2010-10-10	结蜡(严重)	
1294	1294	2010-10-09		

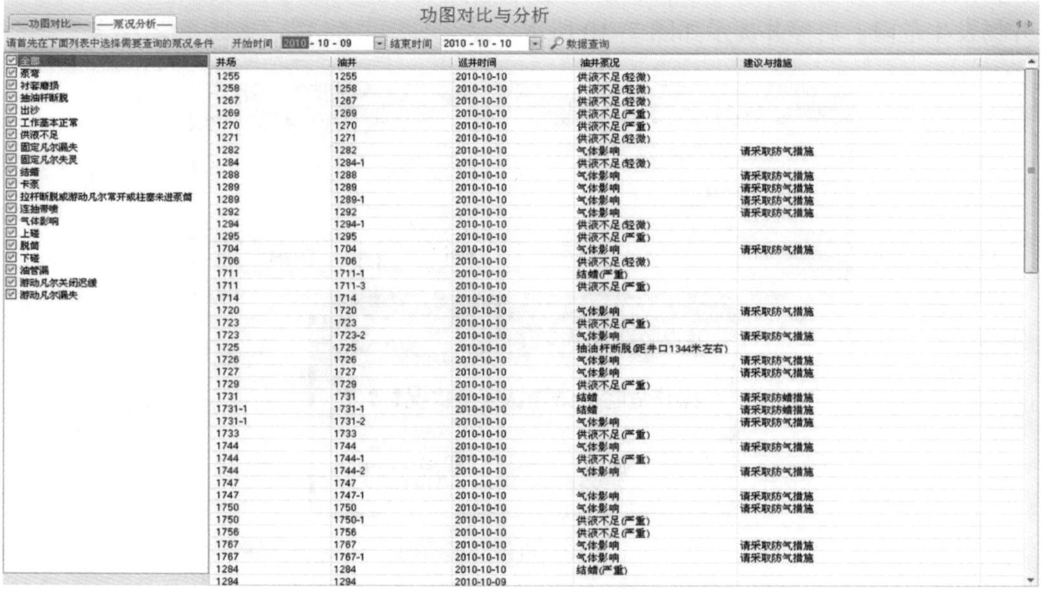

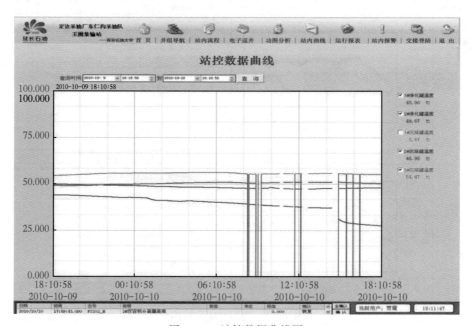

图 7-12　油井工况分析图

5）生产曲线和总产液量实时动态显示

利用曲线形式描述出站内重要数据的变化趋势，对几个不同的数据进行对比分析；可实时显示站点内控外输流量变化趋势，可查询某一时间段的产液量曲线，直观显示站点所辖油井的生产能力和生产状况。站控数据曲线如图 7-13 所示。

图 7-13　站控数据曲线图

站控外输流量曲线如图 7-14 所示。

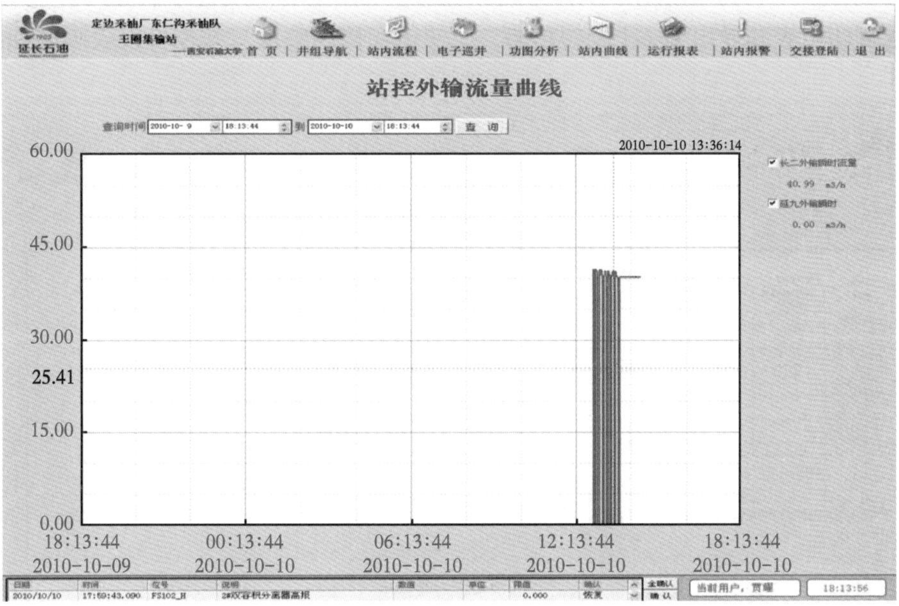

图 7-14　站控外输流量曲线图

6）站内和井场重要数据安全报警

站内和井场重要参数实时报警，及时采取相应处理措施。并可查询历史报警和任意时间段的报警事件，以便查找报警事件的发生原因。报警功能画面如图 7-15 所示。

图 7-15　报警功能画面图

7）自动生成报表

站内流程重要数据自动记录，并生成相应的报表，可以实时显示，也可查询任意时间的数据，打印报表和导出 Excel 表的功能，以便于存档和整理。站控日报表画面如图 7-16 所示。

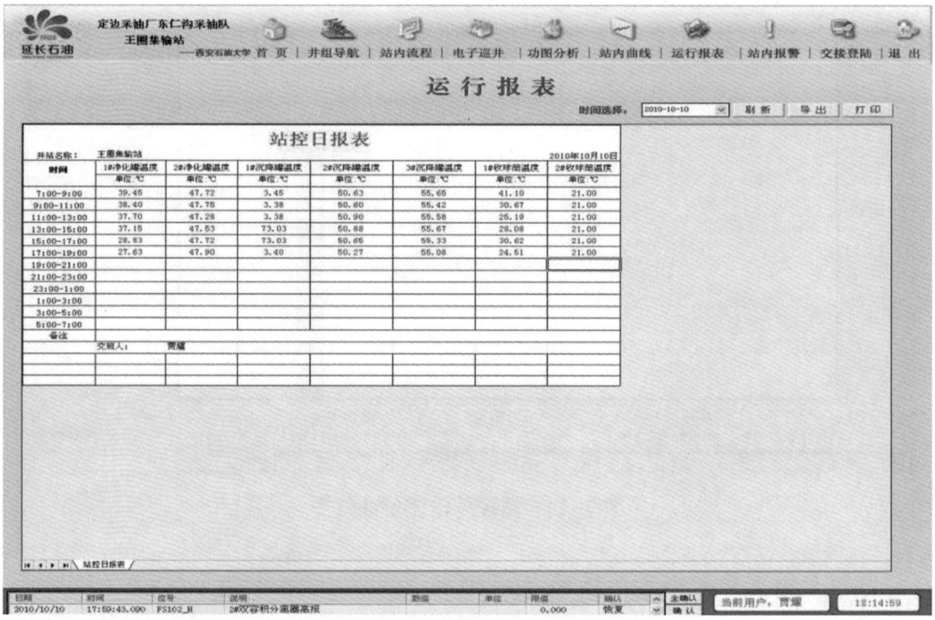

图 7-16　站控日报表画面图

三、应用情况

王圈集输站油区现共有井场 42 座，72 口抽油机井正常生产，通过该油田数字化项目的实施，实现了单井电子巡井、井场数据实时采集、视频监控和远程自动控制，集油站的压力、温度、流量控制，泵况分析、功图计量、智能预警及各井场、站场的情况都可以在生产管理平台的视频监视中看到，油水井、站场的生产参数实现无线传输和集中分析处理。

油田数字化实现油水井场与站场的实时监控、泵况智能分析、无人值守远程控制、生产动态管理、生产历史参数查询、生产报表的自动生成等功能，强化过程监督，细化环节控制，使油田管理精细化。其详细情况如下：充分利用自动控制技术、计算机网络技术、油藏管理技术、数据整合技术、数据共享与交换技术，结合延长定边油田特点，集成、整合现有的综合资源，创新技术和更新管理理念，提升工艺过程的监控水平、提升生产管理过程智能化水平，建立全油田统一的生产管理、综合研究的数字化管理平台。

1. 平台建设思路

平台利用"采集监控诊断、生产数据管理、分析优化决策、智能调度控制的一体化数字管理思想"为建设思路，集成各自动控制系统、计量系统、诊断系统、优化分析系统、专家系统以及视频监控等系统，实现油田的数字化生产管理（图 7-17）。

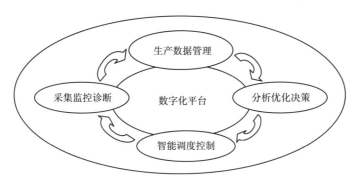

图 7-17　数字化油区平台建设思路图

1）采集监控诊断

利用现有的或在建的油田监控系统，集中采集自喷井、抽油机井、电潜泵井、螺杆泵井、注水井、配水间、注水站、油水集输管网、计量站、转油站、集输站、罐区等生产场所装置的实时生产数据，包括压力、温度、流量、液位、电流、电压、转速、功率、载荷、冲程、冲次以及视频等运行参数数据，包括油井的功图计量数据。实现生产实时、智能监控。

2）生产数据管理

平台建立综合数据库，包括实时数据库和关系数据库，分别管理存储采集到的实时数据和生产管理数据。实现了数据的自动入库、数据的自动统计、报表图表的自动生成等功能，为分析决策优化提供了坚实的数据基础。

3）分析决策优化

平台利用采集到的实时数据以及示功图数据，结合油井静态数据，进行分析诊断，实现对油井的自动计量、优化、工况诊断以及抽油机合理调度。

平台集成地质专家系统、工艺专家系统、油藏管理系统。实现油田产能分析、单井动态分析、故障分析、生产参数优化分析、油藏分析等。为油田的生产开发提供科学的依据及建议，实现一井一法一工艺作业，提高单井产量和采收率。平台集成现有的优化诊断系统，利用其生成的决策、优化建议，措施方案，通过平台来进行审批、调度和执行。

4）智能调度控制

平台基于分析决策优化的结论以及诊断出的故障，通过现场执行装置（DDC），实现远程自动控制。如利用井场的自动投球装置、自动投球；利用抽油机控制器，实现间抽；变频智能控制；通过增压站、联合站、转油站、注水站的控制装置，实现远程的阀门泵液位的控制。异常情况下，快速地对管网运行切断控制，避免管线泄露造成的重大损失。平台集成 GIS 以及车辆 GPS 系统，通过对各种应急材料、风险源以及管网等信息的管理，能迅速地对各种紧急情况进行调度支持。

2. 平台建设原则

（1）充分利用现有资源以及数据，坚持低成本原则；

（2）平台模块化，可灵活分模块部署应用；

（3）平台建设要高起点、标准化；

（4）平台建设要有良好可扩展器、继承性；

（5）平台稳定可靠、成熟、易操作。

3. 制定标准

（1）制定数据采集标准，包括点表命名标准、数据接口标准；

（2）结合 A1A2 制定数据字典标准；

（3）编制信息系统间集成标准；

（4）编制平台操作规范，规范各级岗位操作标准。

4. 数字化油区平台建设目标

达到强化安全、过程监控、节约人力资源和提高效益的目标。具体分为如下六项内容（图 7-18）。

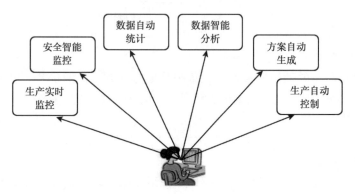

图 7-18　数字化油区平台建设目标图

（1）生产实时监控。

将油井、供注水系统、计量站、联合站、管网等现场生产数据通过数据采集技术采集到平台实时数据库中，结合各生产场所的二维或者三维工艺流程图进行组态。通过 Web 发布，操作管理人员可以随时随地的查看现场生产状况。

（2）安全智能监控。

平台根据采集来的各生产场所装置的实时运行数据，进行不间断的诊断，一旦发现异常情况，平台将向操作管理人员以各种形式提出报警，保证生产过程中安全隐患的及时消除，提高安全性。平台通过对视频监控数据的分析，能及时地对生产场所外来人员的闯入进行自动报警。

（3）数据自动统计。

平台建立综合数据库，将生产数据存储于数据库中。基于这些数据，实现数据自动统计，自动生成各种样式报表、图表，从而为分析优化决策提供数据基础。

（4）数据智能分析。

平台集成地质、工艺、油藏管理以及其他优化专家系统。实现油田产能分析、单井动态分析、故障分析、生产参数优化分析、油藏分析等，并做出决策优化建议措施，从而为油田生产开发提供科学的依据及建议，提高单井产量和采收率。

（5）方案自动生成。

平台通过集成各专家优化系统，实现油田生产调度、优化建议、措施等方案的自动生成。平台通过对设备维修保养检测的信息的跟踪管理，能自动生成报警信息，并生成各种维护保养检测计划。

（6）生产自动控制。

平台根据自动生产的调度指令，通过集成现场控制装置，利用现有通信网络，实现控制命令的下发，从而达到远程控制生产装置启停以及阀门截断、抽油机的智能间抽智能变频等操作。这样可以极大地降低现场操作人员的工作量，大大提高工作效率。

四、主要贡献和社会效益

1. 主要贡献

定边油田 2009 年其实施数字化油田建设，油田数字化不仅仅是技术、设备的数字化，数字化管理与岗位相结合、与生产相结合、与安全相结合。

油田数字化实现油水井场与站场的实时监控、泵况智能分析、无人值守远程控制、生产动态管理、生产历史参数查询、生产报表的自动生成等功能，强化过程监督，细化环节控制，使油田管理精细化。从而达到生产、技术、协调指挥有机结合，缩短了管理链节，加快生产组织节奏，强化安全、过程监控，优化劳动组织，节约人力资源，降低生产成本，提高整体效率的目的。

2. 社会效益

1）大大节约了人力资源

数字化管理与岗位相结合、与生产相结合、与安全相结合，从而大幅度降低生产一线的劳动强度30%以上，共计节约一线工人200人左右，平均职工年收入为6.7万元，则年可节约资金1340万元，减去项目费用309.6万元，年可间接利润为1030.4万元。为一线人员提供了空间，为进一步优化简化生产组织机构提供了技术支撑。

2）提高了生产管理的精细化程度

自动化生产系统实现了生产数据的实时检测、自动录取、网络共享，特别是提高了对不正常油井发现、诊断和处理的及时性，缩短了油水井措施决策周期，同时自动化系统准确、客观的采集生产数据，为油田开发调整提供了可靠依据。

3）确保了生产过程的本质安全

生产自动化系统对生产过程的实时检测、远程控制、自动报警与联锁保护以及生产场所的全天候图像监视，减少了人工操作环节，提高了对生产环节的掌控能力，确保了生产过程的本质安全，从而使定边油田几年来从未发生过抽油机翻机事故和操作员工人身伤害事故。

第二节　建设节能环保型、安全和谐型油田

一、区绿化为己任，建设绿色延长油田樊学油区

采油厂始终走开发一块、绿化一片的路子，油区道路和井场周围全部种树，全面绿化，几年来，先后投资近400万元在油区集输站、井场和道路两旁种树80万株、拧条籽1000kg，绿化面积达210多平方千米，树木成活率达98%。樊学油区目前只完成了部分道路和井场的绿化工作，但要达到标准和示范，仍需加大该区域的绿化工作。

二、以硬化道路为抓手，交通道路持续改善

樊学油区自然形成或新开通的道路，坎坷不平，重型车辆多次行走后路况极差，粉尘污染严重，给油田生产和百姓行走造成很大困难。为此，采油厂在樊学油区先后修筑油区主干道75km，实现了主干道黑色化，修筑油区支干道12km，实现了支干道砂石化。道路建设既解决了油田生产问题，又解决了油区百姓祖祖辈辈行路难问题，为环境治理做出贡献。

三、以污水处理回注为目标，实现零排放

为达到零排放目标，夯实清洁生产设施建设，樊学地面油气工程投资8.21亿元，目前已正式开工建设，建成后将所产油、液、气通过地下管道输入集输站，集中脱水脱气、集中管理、集中发运，实现污水零排放。

四、以固废管理为重点，实现集中处理

在固废处置上严格按照国家相关法律、法规及行业规定进行，各采油队分别设置了污油泥土回收点，将分散的污油泥土集中回收。在办理相关手续后，将所需清理的固废委托有固废处理资质的单位进行合法化处理。对在钻井过程中所产生的废液、泥浆、岩屑等污染物，要求首先进行分类，然后进行有针对性的处理。对钻井期间产生的泥浆废液，回收到就近的污水处理点进行处理回注。对钻井液及钻井岩屑先进行固化，再实行无害化填埋。

五、伴生气发电高效节能环保循环利用

石油伴生气亦称石油溶解气，在地质条件下的高压岩层孔隙内赋存，与原油共生共溶，相互交混。原油被开采后，由于温度和压力的变化，伴生气以气体形态与原油分离而单独析出成为气流。在常规条件下，石油伴生气的主体是C_1—C_5的诸多成分，另外还有N_2、H_2、H_2S以及CO_2等。因其具有极为重要的能源价值和石化原料价值而受到重视。全世界约有$137×10^{12}m^3$的天然气探明储量，其中约70%为石油伴生气，因此，对石油伴生气的利用具有极为重大的意义。目前，对石油伴生气的利用途径主要是作为生产、生活燃料和化工原料。

延长油田普遍存在伴生气，多年以来，以原油生产为主，对伴生气一般进行套管环空排放，部分油田将其用作燃料在井场进行储油罐的加温和脱水，在靠近村庄的少数油井的伴生气被当地农民用以生活和取暖。伴生气的排放不仅对环境造成污染，更造成资源的巨大浪费，据估算，陕北地区每年排放到大气中的溶解气高达$1.5×10^8m^3$，相当于$45×10^4t$的原油产量，折合人民币13亿元，并且，随着原油产量的增长，这个数据还会增加。另外，大量的伴生气排放空中，还会造成一定的安全隐患。随着国民经济的快速增长与资源瓶颈矛盾的凸显，能源节约与高效利用成为我国经济和社会发展的一项长远战略方针，国家也在"十一五"规划明确提出"环境友好、资源节约"型企业的发展战略。因此，对油田伴生气以及浅层气进行开发和综合利用成为"节能"与"环保"共同关注的话题。

目前，延长油田部分采油厂已经对油田伴生气进行回收利用，反应效果不错，具有较好的经济效益和社会效益。因此，延长油田对全公司各采油厂的伴生气资源利用的可行性进行综合评价并结合实际情况编制合理的伴生气回收利用方案。

对全公司所属采油厂生产的石油伴生气资源量进行统计和分析，按伴生气资源量和日产气量可将伴生气的回收利用分为：可管网集输回收（Ⅰ类）、采用移动回收工作站进行回收（Ⅱ类）、简单利用（Ⅲ类）和不可利用（Ⅳ类）四种情形。

Ⅰ类：采用集输管线将各井产生的伴生气和原油蒸发气输送至综合处理站进行处理，处理工艺流程如图 1 所示，采用原料气压缩，分子筛干燥，氨预冷，膨胀机制冷，产品分馏，干气发电工艺。具体的工艺流程为：

原料气进入装置后，先进入原料气预分离器，在此进行三相分离及机械杂质的分离，气体则进入石油气压缩机一级缸进行一级压缩。

原料气经一级压缩至 0.65~0.7MPa，经压缩机中间冷却器冷却至 40℃并经压缩机一级排气分离器气液分离后，进入压缩机二级缸进行二级压缩。

经二级压缩后天然气压力达到 2.0MPa 左右，经压缩机后冷却器冷却后进入原料气干燥器进行脱水处理，脱水后的天然气经原料气过滤器过滤掉分子筛粉尘后进入换热器取走吸附热自身降温至 40℃，进入浅冷换热器，与干气换热后进入氨蒸发器，在此，原料气吸收制冷机蒸发提供的冷量，使其温度降至−30℃后进入深冷换热器，与干气换热达到−45~50℃，再进入高压分离器进行气液分离，气体经膨胀机膨胀后进入深冷换热器和浅冷换热器提供冷量后作为干气出装置，而液体则进入脱乙烷塔塔顶冷凝器提供冷量后进入脱乙烷塔。

来自高压分离器底的低温液烃进入脱乙烷塔，在此进行脱除 CH_4、C_2H_6 工作，CH_4、C_2H_6 及少量 C_3H_8、C_4H_{10} 从塔顶分出，脱乙烷塔底出来的液烃由脱丁烷塔中部进料，进行液化石油气和稳定轻烃的分离。C_3H_8、C_4H_{10} 组分从脱丁烷塔塔顶分出，经液化气冷凝器冷凝后进入脱丁烷塔回流罐。液烃自脱丁烷塔回流罐出来经脱丁烷塔回流泵增压，一部分作为塔的回流送回塔顶，一部分作为液化气产品送至产品罐区。从脱丁烷塔塔底出来的液烃经轻油冷却器冷却后作为稳定轻烃产品送至产品罐区，如图 7-19 所示。

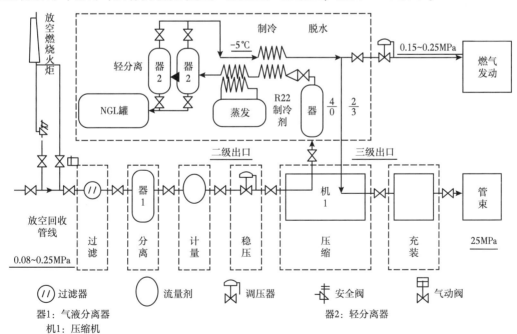

图 7-19　某站伴生气回收处理工艺流程图

脱乙烷塔、脱丁烷塔塔底重沸采用导热油加热，为此需设计一套导热油加热循环系统。为了给原料气系统提供冷量装置需设计一套制冷循环系统，以氨为制冷工质。处理后的干气用于发电或生产甲醇。

Ⅱ类：在单井产气量不足以采用集输管线时，关闭套管气，待压力高于井低流动压力时，采用移动回收处理装置，该装置是国内首创将压缩机、发电机、发动机、脱水装置、电控装置、隔音房和汽车集成在一起的移动式油田伴生气回收系统，可以很好地完成气量较小、伴生气产量和压力波动大、分散油井的油田伴生气的回收。对伴生气处理的工艺原理及工艺流程与Ⅰ类处理基本相同。包括底橇、与底橇组合的隔声罩及安装在底橇上并位于隔声罩内的冷却器、压缩机、天然气燃气发动机、发电机、天然气脱水干燥装置、电控柜和分离器；天然气燃气发动机的动力输出轴通过传动装置分别与压缩机、发电机的动力输入轴相连，发电机通过电缆与电控柜相连，电控柜通过电源开关及导线与各用电装置连接；压缩机的工作级数至少为两级，冷却器、分离器串联在各级气缸的排气管路上，天然气脱水干燥装置通过管件与压缩机的末级排气口连接。

Ⅲ类：在比较偏远且产气量较小、用柴油机带动抽油机抽油时，将伴生气经过滤清加入柴油机内替代部分柴油，或在油井处于生产后期产气量低不足以回收时，将其用作储油罐的加温和脱水燃料。

Ⅳ类：靠近村庄已被当地群众用作生活和取暖燃料，或产气量很小无法利用的予以排空。

延长油田樊学油区原油伴生气量丰富，油中溶解气量多，套管气与原油比 $49.65m^3/t$，集油脱水箱气与原油比 $58m^3/t$，伴生气日产能力 $5×10^4m^3$。

目前伴生气主要用于加温和发电，其中，2010 年伴生气加温已应用于 80 个井场，全年回收伴生气 $32×10^4m^3$，节约原煤 4800t，折合标准煤 3428.64t；2010 年发电利用伴生气 $272×10^4m^3$，发电量 $817×10^4kW·h$，减少外购电力 $817×10^4kW·h$，折合标准煤 1004.09t，有效地解决了周边油井用电，并减少了樊学变电站因负荷过重而限电的次数，提高了采油效率。

集输系统建成后，95% 的伴生气将得以利用。

六、统筹考虑节能管理

建设中从地下集输管网、地上设施设备和节能管理等方面进行统筹考虑。严禁使用国家明令禁止的高耗能设备，根据生产工艺要求，在锅炉、配电设备、照明设备、注水变频的选取中，严格选择国家提倡推广的节能产品。

在建筑构造上采用加大外墙厚度、选用新型保温材料，在满足室内照明条件下，尽量减少开窗面积，外窗采用中空玻璃。

采用密闭输送工艺，同时采用变频调压工艺，降低原油的损耗量，降低输送能耗。

七、消防、油区保卫工作

樊学油区目前共有樊学、白马嵯岈、羊羔山三个保卫中队共 28 人，及一个护矿队 15 人。三个保卫中队主要负责油区物资、原油、财产及治安管护工作及油区日产 5 方以上油井、偏远井、新投产井、技改井的测产。护矿队主要负责新区块的维权和护矿工作。

樊学油区目前有 1 个消防队，消防员 14 人，泡沫消防车 2 辆，主要负责油区范围内消防工作及各种焊接工程的现场消防执勤。

第三节 企业文化建设

一、正确认识和塑造企业文化，促进企业稳定持续发展

企业要保持稳定和持续地发展，企业文化的建设和企业发展战略、企业管理具有同等重要的作用。企业文化具有以下几方面的属性：企业文化是企业为达到经营成功而形成的，并在企业的经营过程中企业员工共同遵循的，反映企业意志的价值理念；是企业经营管理的深层次思想的反映；是融汇民族与时代精神、企业特色的企业精神；是承前启后、继往开来，不是腾空而出的；是有血有肉有生命力的，它能唤起员工无限的热情和冲动。企业文化的建设要经历一个漫长的过程，而不是一朝一夕的事情，它需要一批批、一代代的企业家和员工在经营企业的过程中去塑造、培养和发展。文化是要有底蕴的、有根基的。每个企业都有自己不同的创业和发展的轨迹，由此而形成不同的企业文化特色。一个企业的优秀与否，不仅要看昌盛期，更要看困难期；不仅要看发展期，还要看它的创业期。如果企业在遇到困难，受挫折时，全体员工还能保持统一的思想，同舟共济，知难而进，百折不挠，这个企业的优秀文化就真正形成了。

通过对定边油田文化建设现状的分析，探讨定边油田企业文化建设存在的问题和解决对策，使定边油田企业文化更好地为企业经营和经济效益服务，促进定边油田快速发展，进一步为提升延长石油集团、延长油田公司的竞争力、早日实现"十一五"和"十二五"的战略规划做出贡献。

定边油田文化媒介齐全：拥有电视、广播、网络、报纸、标语、宣传栏等已成为企业文化建设的重要园地。在调研中，大多数员工认为媒体不仅起到了政令畅达的作用，而且也起到了员工"聚心"的作用。这些都为企业文化的建设奠定现实的物质基础。

二、注重教育培训，提高全员意识

学习培训方面，实行采油厂三级教育方式，即新进员工岗前业务知识及安全、厂情教育培训，采油队定期组织"岗位练兵"知识竞赛，采油队组（站）级单位业务知识培训，不断提高员工综合素质和业务技能水平。

严格执行三级教育制度，在三级培训教育中将体系知识列为重点考核项目，同时在每月一期的干部职工短期脱产培训班上，安排了 HSE 职业健康安全/环境管理体系知识课程。还利用《定采通讯》、宣传栏、广播等对节能减排及环保相关法律法规进行宣传，同时利用环境日印发体系学习数据，通过试卷和举办抽奖活动增强员工的体系管理知识。促使大家自觉形成把体系运行管理放在首位的工作氛围。2009 年以来，注重抓特种作业人员（电工、焊工、起重工、压力容器工、司钻工、司炉工）的培训和取证工作，使特种作业人员持证率达 100%。

三、全方位、实用性、高标准的地面建设工程

延长油田樊学油区地处陕北黄土塬西北部，地形沟壑纵横，油区形态呈南北向的狭长带状，东西宽约 18km，南北长约 34km。鉴于延长油田油藏特—超低渗透的特点，导致单

井产量低、万吨产能投资高，采取"低投入、低成本"战略方针，采用"整体规划、分步实施"的设计理念，建成全方位、实用性、高标准的地面工程。

1. 建设以联合站为中心、接转站为骨架、增压点为补充的油气集输系统

2009年8月，延长油田樊学油区地面工程一次设计共有联合站3座（樊一联、二联、三联），脱水站2座（唐山脱水站、羊羔山脱水站），接转站4座（樊一、二、三转，樊8增），增压点11座，集输油井1752口，占总井数的79%。2010年11月，定边油田进行了补充设计，新增2座增压点（樊13增、樊14增），新增油井456口油井，目前补充设计未审批。第一次设计及补充设计规模见表7-1和表7-2。

表7-1　樊学油区地面站场一次设计一览表

序号	项目	规模	单位	数量	备注
1	樊一联合站	$40×10^4t/a$	座	1	处理规模
2	樊二联合站	$20×10^4t/a$	座	1	
3	樊三联合站	$40×10^4t/a$	座	1	
4	樊一~樊三接转站	$600m^3/d$	座	3	
7	羊羔山脱水站	$10×10^4t/a$	座	1	
8	唐山脱水站	$700m^3/d$	座	1	
9	樊1增~樊12增	$120m^3/d$	座	7	
		$240m^3/d$	座	4	
		$600m^3/d$	座	1	

表7-2　补充设计集输部分主要工程量表

工程内容	规格	数量
樊14增压点	$120m^3/d$	1座
樊13增压点	$240m^3/d$	1座
井场	单井	5座
	多井	33座
井口安装	单井井口安装	5
	两井式井口安装	9
	三井式井口安装	12
	四井式井口安装	1
	五井式井口安装	4
	六井式井口安装	7
自动投球装置	ZKBQ947F PN40 DN50	71套
出油管线	$20~60×3.5$	155km
集油管线（黄夹克保温）	$20~89×4$	4km
	$20~76×4$	4.5km

地面工程分为两期进行，其中一期工程包括樊二联，樊三联、唐山脱水站、羊羔山脱水站，二期工程包括樊一联。已开工工程概况见下表7-3。

二期工程计划于2011年3月5日全部进场，3月15日正式开工建设；开工后站内站外同步进行确保在农耕前完成耕地内管线施工，同时确保2011年10月底进入试用行阶段。

表 7-3　一期工程进度表

站点	工程进度	计划完成时间
樊二联合站	已完成所有储罐基础工程、注水泵房基础工程及所有工房、食宿点地基工程施工，正在进行水处理间主体工程施工及石砌挡土墙施工	计划 2011 年 7 月 30 日完成施工
樊三联合站	已完成所有储罐基础工程及所有工房、食宿点地基工程施工，安装项目完成两具 1000m³ 储罐主体焊接工程及罐内附件预制工作	计划 2011 年 7 月 30 日完成施工
唐山脱水站	已完成所有储罐基础工程及食宿点、注水泵房基础工程施工，安装项目完成两具 100m³、两具 200m³ 储罐主体焊接工程及两具 700m³ 储罐拱顶和第一带板焊接工作	计划 2011 年 7 月 30 日完成施工
羊羔山脱水站	已完成所有储罐基础工程、食宿点基础工程及外输泵房主体框架工程施工，安装项目完成两具 500m³ 储罐主体焊接工程	计划 2011 年 7 月 30 日完成施工

四个接转站、11 个增压点及站外管线近期完成招投标工作，招投标完成后马上转入施工阶段。

油水井计量采取"双容积自动方法"和"经济实用的手工方法"结合的计量模式。樊学油区域三叠系油井单井产量低、油气比高，对定边及周边采油厂使用的计量方法进行了优化，形成"双容积自动方法"和"经济实用的手工方法"结合的计量模式。即：依托三个联合站、两脱水点的 15 口油井采取双容积自动计量，依托增压点的 15 口油井采取手工计量。可以达到每月每口井至少测产三次，对于产液量变化明显的能及时进行测产，计量准确率能达到 90%。

2. 采用小型集油点作为地面整体集输系统的补充和配套

由于受地形地貌的限制，对于部分比较分散的边远井，地面工程铺设管线距离远，造价高、管损大，为了解决这一难题，建成了小型集油点，对相对集中的边远井进行集中脱水、计量、储集、运输。在集输系统建成后，直接转成增压点，降低了投资费用。

3. 树枝状、单干管、稳流阀组配水、活动洗井、清污分注双流程注水工艺

该区注水井 422 口，配注量 10550m³/d。首期部署注水井 153 口，配注量 3825m³/d，补充设计增加注水井 269 口，配注量 6725m³/d。目前在建注水能力 5700m³/d，补充设计能力 1900m³/d，短缺注水能力 2950m³/d。详见表 7-4 和表 7-5。

表 7-4　一次设计注水站场设计

站场	规模（m³/d）	压力等级（MPa）	备注
唐山脱水站	200	20	长 2100m³/d
			长 4+5 100m³/d
羊羔山脱水站	200	20	长 2 100m³/d
			延 9 100m³/d
樊一联	2000	20	延 9 600m³/d
			长 8 300m³/d
			清水 1100m³/d

续表

站场	规模（m³/d）	压力等级（MPa）	备注
樊二联	1500	20	长4+5 500m³/d
			清水1000m³/d
樊三联	1800	20	延9 600m³/d
			三叠400m³/d（预留）
			清水800m³/d

表7-5 补充设计主要工程量表

序号	工程内容	规格
1	樊四注、樊五注	1500m³/d，PN200，清水
2	橇装注水站	400m³/d，PN200，清水
3	稳流配水阀组	三井式，PN200，清水

4. "分层系处理、回注"的采出水处理工艺技术

延长油田樊学油区侏罗系、三叠系油藏矿化度差别大、采出水配伍性差，水处理设计中充分考虑不同层系产出水配伍性差的情况，采用"2+1"（侏罗系油层和三叠系油层污水分层处理、回注，在注入水不够的情况下用清水分流程补注。）流程处理、注入工艺，形成配套的"分层系处理、回注"的水处理工艺技术。

5. "二级除油+精细过滤"采出水处理工艺

针对鄂尔多斯特低渗油藏对水质要求高的情况，处理后水质达到"三个一"的标准（悬浮物固体含量≤1.0mg/L；悬浮物颗粒直径中值≤1μm；含油量≤0.1mg/L）。根据定边油田多年来应用的经验，采用大罐沉降—斜板除油器除油，纤维素粗过滤，烧结管精细过滤的工艺技术，处理后的产出水达到上述标准。具体处理工艺如图7-20所示。

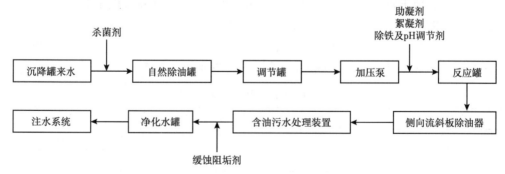

图7-20 采出水处理工艺流程

6. "企地共建"构筑油区各级道路

在县政府的大力支持下，在樊学油区道路建设工作中，采取"企地共建"的思路（政府负责征地和补贴，补贴标准为25万元/千米、企业负责投资修建），建成柏油路6条，计74.561km，砂石路2条，计11.99km；在建柏油路1条，计6.1km，砂砾路6条，计45.514km；拟建柏油路22条，360km，砂砾路885条，1320km，其中企地共建路7条，

80. 661km；企业自建 57. 504km。

表 7-6 樊学已建成道路汇总表

名称	道路标准	长度（km）	备注	道路规格
刘沟岔至野猪崾岘公路	柏油路	18.4	企地共建	宽5m，18cm 石灰土底层，18cm 石灰土碎石层，0.5cm 热力型下封层，5cm 沥青碎石层
樊学至白狼岔公路	柏油路	7.7	企地共建	
刘野路至南崾岘公路	柏油路	13.058	企地共建	
白狼岔至川口公路	柏油路	6.06	企地共建	
亮马台至白马崾岘公路	柏油路	20.733	企地共建	
许湾至麻子涧公路	柏油路	8.61	企地共建	
合计	6 条	74.561		
刘野路至寺沟公路	砂石路	2.8	自建	宽 3.5m，15cm 砂砾层
寺沟至刘湾公路	砂石路	9.19	自建	
合计	2 条	11.99		

表 7-7 樊学正在建的道路汇总表

名称	道路标准	长度（km）	备注
桃庄岭至牛圈圪坨	砂砾路	11.025	自建
童庄至乔崾岘	砂砾路	8.96	自建
张沟至定铁路	砂砾路	8.383	自建
童庄至 4597 井	砂砾路	4.47	自建
刘湾至 4436 井	砂砾路	9.076	自建
阳台崾岘至 4911	砂砾路	3.6	自建
合计	6 条	45.514	
罗庞塬至耿塬畔	柏油路	6.1	企地共建
合计	1 条	6.1	

表 7-8 樊学拟建道路汇总表

名称	数目（条）	宽（m）	长度（km）
通站柏油路	22	5	360
通井组、区队砂砾路	35	5	420
通井场砂砾路	850	3.5	900
合计	907		1680

7. 标准化区队、清洁文明井场的建设

目前樊学油区有清洁文明井场 635 个，总生产井场 646 个，占井场总数的 98%，但根据现场调研情况，因建设示范区地面工程滞后，导致目前现状与建设示范区标准差距较大，下一步应组织进行示范区标准化井场的设计与建设。

樊学、白马崾岘两个区队队部均已建成，但是站、班、组均未建。

此外，道路标志、路标、警示牌、宣传牌等设计已由采油厂招标完成（图 7-21 至图 7-24）。

图 7-21 白马崾岘采油队队部

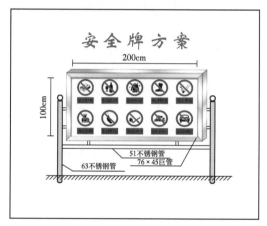

图 7-22 安全牌设计方案图

图 7-23 警示牌示意图

图 7-24　道路标志、宣传牌

第八章 高效开发油井防砂技术

第一节 地层出砂机理及出砂预测方法概述

一、地层出砂原因

影响地层出砂的因素大体划分为三大类，即地质因素、开采因素和完井因素。第一类因素由地层和油藏性质决定（包括构造应力、沉积相、岩石颗粒大小、形状、岩矿组成，胶结物及胶结程度，流体类型及性质等），这是先天形成的，当然在开发过程中，由于生产条件的改变会对岩石和流体产生不同程度的影响，从而改善或恶化出砂程度；第二、三类因素主要是指生产条件改变对出砂的直接影响，很多是可以由人控制的，包括油层压力及生产压差，液流速度，多相流动及相对渗透率，毛细管作用，弹孔及地层损害，含水变化，生产作业及射孔工艺条件等。通过寻找这些因素与出砂之间的内在关系，可以有目的地创造良好的生产条件来避免或减缓出砂。

地层砂可以分为两种，即：骨架砂和填隙物。骨架砂一般为大颗粒的砂粒，主要成分为石英和长石等，填隙物是环绕在骨架砂周围的微细颗粒，主要成分为黏土矿物和攒粒。在未打开油层之前，地层内部应力系统是平衡的；打开油层后，在近井地带，地层应力平衡状态被破坏，当岩石颗粒承受的应力超过岩石自身的抗剪或抗压强度，地层或者塑性变形或者发生坍塌。在地层流体产出时，地层砂就会被携带进入井底，造成出砂。

在疏松砂岩油藏，地层内部存在着大量的自由微粒，微粒运移是地层出砂的另一机理。在流体流动时，微粒会在地层内部运移，直至井筒。如果这些微粒在被地层孔喉阻挡后，会使流体渗流阻力局部增大，增大了流体对岩石的拖曳力，未被阻挡的更细微粒随流体进入井筒，造成出砂。

二、地层出砂机理

油井出砂通常是由于井底附近地带的岩层结构遭受破坏引起的，其中，弱固结或中等胶结砂岩油层的出砂现象较为严重。由于这类岩石胶结性差，强度低，一般在较大的生产压差下，就容易造成井底周围地层发生破坏而出砂。油井出砂与油藏深度、压力、流速、地层胶结情况、压缩率和自然渗透率、流体种类和相态（油、气、水的情况）、地层性质等有直接的关系。从力学角度分析油层出砂有两个机理：即剪切破坏机理和拉伸破坏机理，前者是炮孔周围应力作用的结果，与过低的井底压力和过大的生产压差有关；后者则是开采过程中流体作用于炮孔周围地层颗粒上的拖曳力所致，与过高的开采速度或过大的流体速度有关。这两个机理相互作用，相互影响。除上述两个机理外，还有微粒运移出砂机理，包括地层中黏土颗粒的运移，因为这会导致井底周围地层的渗透率降低，从而增大流体的拖曳力，并可能诱发固相颗粒的产出。

1. 剪切破坏机理

由于井筒及射孔孔眼附近岩石所受周向应力及径向应力差过大，造成岩石剪切破坏，离井筒或射孔孔眼的距离不同，产生破坏的程度也不同，从炮眼向外可依次分为：颗粒压碎区、岩石重塑区、塑性受损区及变化较小的未受损区。若岩石的抗剪切强度低，抵抗不住孔周围的周向、径向应力差引起的剪切破坏，井壁附近岩石将产生塑性破坏，引起出砂。

2. 拉伸破坏机理

开采时，井筒周围压力梯度及流体的摩擦携带作用下，岩石承受拉伸应力。当此力超过岩石的抗拉强度时，岩石发生拉伸剥离破坏。

一般来说，地层剪切破坏引发地层的"突发性大量出砂"，而拉伸破坏引起地层"细砂长流"。出砂使孔穴通道增大，而孔穴增大又导致流速降低，从而使出砂有"趋停"趋势。因此，拉伸破坏有"自稳性"效应。

三、出砂预测方法

预测油井是否出砂或出砂量的多少，必须研究地层的出砂临界流速及临界压差，定量分析地层的出砂程度。不同的地层其岩石力学性质是不同的，当外界因素超出了地层固有的临界参数值，地层就会遭受破坏，因此，通过实验和计算求得地层的强度参数和临界参数值，就可以进行油层出砂情况预测。

获取储层岩石的岩石力学参数的方法主要有两种：一种方法是通过测井资料获取。测井的声波、密度直接反映了储层岩石强度大小；泥质含量、井径则与地层胶结的程度密切相关。通过测井资料的处理、分析、计算，可求得岩石强度参数，如：泊松比、杨氏模量、内聚力、内摩擦角等。由测井资料求得的岩石力学参数为间接方法，属动态参数值，根据经验关系式可将其转换为静态值。但这种方法本身误差较大，转换的关系式又多具有经验性和局限性，因此，由这种方法计算的岩石力学参数需与岩石力学试验求得的参数进行对比。测井资料计算岩石力学参数的优势是结果容易得到并且可计算参数种类丰富。

目前出砂预测方法有现场观测法、经验分析法、应力分析法。应力分析法模型还不很完善，如对生产过程中孔隙压力、流体流动的摩擦力对岩石应力的影响研究得不够。目前经验分析法应用较多，然而由于经验法的局限性及出砂问题的复杂性，一般用几种方法同时进行预测，以便得出比较可靠的预测结果，但一般不能预测生产参数对出砂的影响。

1. 现场观测法

1）岩心观察

用肉眼观察、手触摸等方法判断岩心强度，若一触即碎，或停放数日自行破裂，或可在岩心上用指甲刻痕，则该岩心为疏松、强度低，生产过程中易出砂。

2）DST 测试

如果 DST（Drillstem test）测试期间油井出砂，甚至严重出砂，油气井生产初期就可能出砂。有时 DST 测试未见出砂，但仔细检验井下钻具和工具，在接箍台阶处附有砂粒，或者 DST 测试完毕后，下探砂面，发现砂面上升，则该井肯定出砂。

3）临井状态

同一油气藏中，邻井在生产过程中出砂，则本井出砂的可能性就大。

4）岩石胶结物

岩石胶结物可分为易溶于水和不易溶于水两种。泥质胶结物易溶于水，当油气井含水量增加时，岩石胶结物的溶解降低了岩石的强度。当胶结物含量较低时，岩石强度主要由压实作用提供，对出水因素不敏感。

2. 出砂经验预测方法

出砂经验预测法主要根据岩石的物性、弹性参数及现场经验对易出砂地层进行预测，由于方法简单实用，国内外学者对此法进行了大量的研究，现将目前常用的几种经验方法综述如下：

1）声波时差法

声波时差是声波纵波沿井剖面传播速度的倒数，记为 $\Delta t_c = \dfrac{1}{V_c}$。一些国外公司常用声波时差最低临界值来进行出砂预测，超过这一临界值生产过程中就会出砂。Δt_c 以油田或区块的不同而有所变化，一般情况下，当 $\Delta t_c > 295\mu s/m$ 时就应采取防砂措施，有的文献把声波时差临界值定在 $295\sim395\mu s/m$。

2）地层孔隙度法

孔隙度是反映地层致密程度的一个参数，利用测井和岩心室内试验可求得孔隙度在井段纵向上的分布。一般，孔隙度大于30%，胶结程度差，出砂严重；孔隙度在20%~30%之间，地层出砂减缓；孔隙度小于20%，地层出砂轻微。

3）组合模量

组合模量法预测出砂需根据声速及密度测井资料，用下式计算岩石的弹性组合模量 E_c：

$$E_c = \frac{9.94 \times 10^8 \rho_r}{\Delta t_c^2} \qquad (8-1)$$

式中　　E_c——岩石的组合弹性模量，MPa；

　　　　ρ_r——地层岩石的体积密度，g/cm^3；

　　　　Δt_c——岩石的纵波声波时差，$\mu s/m$。

根据以往测井资料、岩石特性及出砂分析结果，E_c 值越小，地层出砂的可能性越大。美国墨西哥湾地区的作业经验表明，当 $E_c > 2.608 \times 10^4$ 时，油气井不出砂；反之出砂。英国北海地区也采用了该值作为判断油气井出砂与否的依据。

胜利油田用此法在一些井上作过出砂预测，准确率在80%以上。在对现场大量油气井出砂统计结果分析后得出了如下结论：

①当 $E_c \geqslant 2.0 \times 10^4$ MPa 时，正常生产时不出砂；

②$1.5 \times 10^4 < E_c < 2.0 \times 10^4$ MPa 时，正常生产时轻微出砂；

③$E_c < 1.5 \times 10^4$ MPa 时，正常生产时严重出砂。

4）出砂指数法

出砂指数计算方法是一项较为复杂的处理、分析、计算过程。通过对声波时差及密度测井等测井曲线进行数字化计算，求得不同部位的岩石强度参数，计算出油井不同部位的出砂指数。其计算公式为：

$$B = K + \frac{4}{3}G \tag{8-2}$$

$$K = \frac{E}{3\,(1-2\mu)} \qquad G = \frac{\rho_r}{\Delta t_s^2} \tag{8-3}$$

式中　B——出砂指数，10^4MPa；

　　　K——体积弹性模量，10^4MPa；

　　　E——杨氏模量，10^4MPa；

　　　G——切变弹性模量，10^4MPa；

　　　μ——泊松比；

　　　Δt_s——横波声波时差，μs/ft；

　　　ρ_r——岩石的密度，g/cm^3。

B 值越大，岩石的体积弹性模量 K 和切变弹性模量 G 之和越大，即岩石强度越大，稳定性越好，不易出砂。胜利油田大量现场实验证明，出砂的经验判别值为：

当出砂指数 B 大于 2×10^4MPa 时，在正常生产中油层不会出砂；

当出砂指数 B 小于 2×10^4MPa 但大于 1.4×10^4MPa 时，油层轻微出砂，但油层见水后，地层出砂严重，应在生产的适当时间进行防砂；

当出砂指数 B 小于 1.4×10^4MPa，油井生产过程中出砂量较大，应进行早期防砂。

第二节　樊学油区出砂预测及防砂方法

樊学油区出砂较严重，由于出砂，经常需要修井。但砂源在哪？是压裂砂还是地层砂？这些问题必须通过现场调研和实验才能解决。经过现场调研和大量实验的论证，我们认为樊学油区的出砂砂源是地层砂。有以下 6 个理由：

一、现场观察

从现场了解的情况来看，取出的岩心极易捏碎，从一个方面可以推测樊学油区的出砂砂源是地层砂，因为对于易碎的岩心，其抗拉强度很低，容易被破坏，从而造成地层出砂。

二、岩石矿物成分分析

对樊学油区的 4106 井延 8 岩屑、2089 井延 9 岩屑、4110 井延 9 岩屑、430 井井筒取出的砂样（见图 8-1）、樊 1 站出砂砂样和压裂砂砂样等成功地进行了 10 次的 X 光衍射实验来测定其成分。

下面是 X 光衍射实验及结论：

1. 设备

仪器：日本理学出 D/max-rA X 射线衍射仪。

图 8-1　樊学油区 430 井井筒取出的砂样

2. 实验步骤

（1）清洁卫生，检查温度 \ 湿度；（2）开冷却水，开总电源，抽真空；（3）二绿灯亮时，开冷却水泵后，开防护预警；（4）开射线发生器电源，缓慢升高管压管流；（5）设置检测程序；（6）清理器皿，磨细样品，保证均匀无污染；（7）关机先降管压、管流后，管射线发生器；（8）20min 后，关真空系统，关预警装置；（9）黄灯亮后，关闭总电源，关冷却水。

3. 检测单位

西安地质矿产研究所实验测试中心。

4. 检测结果

检测结果见附录 A 的《X 衍射分析数据报告》，样品编号解释如下：

A、B、④——为 430 井井筒取出的砂样；

①——为 4106 井延 8 岩屑；

②——为 2089 井延 9 岩屑；

③——为 4110 井延 9 岩屑；

C——为樊 1 站出砂砂样；

⑤——为压裂砂砂样。

附：针铁矿是褐铁矿的主要成分，其化学式 $Fe_2O_3-H_2O$，是由于地下黏土的铁离子在潮湿的环境下形成的，或者是由铁具在地下潮湿的环境下腐蚀得到。

实验结论：我们对 430 井井筒取出的砂样前后进行了 3 次检测，4106 井延 8 岩屑、2089 井延 9 岩屑、4110 井延 9 岩屑前后都分别进行了 2 次检测，从检测结果看，成分差别不大，说明检测没有错误。从实验结果可以看出：出砂样中石英含量很低（几乎没有），而压裂砂中石英含量高达 94%～97%，两者存在明显差异，可以肯定的是樊学油区的出砂砂源主要是地层砂。

三、驱替实验

受收集资料的限制，我们只能取 4106 井的延 8 层岩心（延 9 只有岩屑，而樊学油区的延 8 与延 9 的岩石性质差不多）用地层水作驱替实验。

1. 实验仪器

微量泵、岩心夹持器、压力表等，如图 8-2 所示。

图 8-2　驱替实验仪器

2. 实验内容

分别用 6mL/h，9mL/h，15mL/h，20mL/h，50mL/h，100mL/h，200mL/h，300mL/h 的速度对岩心进行驱替。

3. 结论

当驱替速度小于 50mL/h 时的驱替压力上升较慢，当驱替速度为 50mL/h 时，开始阶段压力上升较慢，后来压力迅速上升到 4MPa（压力表的量程），当驱替速度为 100mL/h，200mL/h，300mL/h 时情况类似。

在驱替 18h 后，发现在盛驱替液的烧杯中有黄色的细砂，过滤后在滤纸上有黄色细砂粒物质（见图 8-3）。取出岩心时，岩心已破碎。这一方面说明地层水完全能够从地层中

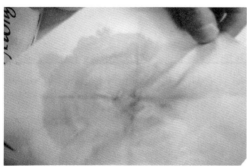

图 8-3　驱替实验结束后留在烧杯、滤纸上的地层砂

驱替出砂粒，而且说明，岩石的胶结强度很低；另一方面也论证了樊学出砂砂源是地层砂。

另外，值得注意的是，在驱替出的流体中有白色的结蜡体，说明油井存在结蜡现象，这会更加剧出砂的危害。

四、出砂指数法

1. 实验仪器

（1）WJ-10B 型机械式万能试验机（图 8-4）。

（2）CM-1J-32 静态应变仪（图 8-5）。

（3）$\phi25mm$ 岩心 10 块。

（4）BX120-3AA 电阻应变计。

图 8-4　WJ-10B 型机械式万能试验机　　　　图 8-5　岩心力学实验图

2. 实验步骤

（1）试样表面去污。用苯酮擦拭岩心表面，直到岩心表面擦干净为止。

（2）贴电阻应变计。在岩心圆周表面两个垂直对称面涂上实验用胶水，垂直方向贴 4 片应变计，水平方向贴 4 片应变计，共 8 片应变计。

（3）贴端子。在各应变计旁用胶水固定一个端子。

（4）烘干试样。用塑料包裹岩心试样，再用厚棉花捆紧试样，然后放入烘烤箱中烘烤，直到实验用胶水完全固化为止。

（5）焊线。用导电线通过端子把应变计引出来。

（6）测量。把岩心放在 WJ-10B 型机械式万能试验机上，导电线接入 CM-1J-32 静态应变仪，岩心加压之前静态应变仪应调零。然后岩心加压从 100kg 开始，每隔 20kg 记录一组数据，实验图见图 8-6。

（7）实验数据处理。

3. 实验数据处理

选取的 10 个岩心，每个岩心横向贴 4 片应变计，纵向贴 4 片应变计，共 8 片应变计。每个岩心测 16~18 个点，测完后，先得出各方向应变计的变形量，再从变形量中找连续的

图 8-6 CM-1J-32 静态应变仪

6~8 个相对变化不大的点，求其平均值，从而得出各应变计的变形量。之后对横向应变量和纵向应变量取平均值。应用下列公式求弹性模量 E：

$$E = \frac{\Delta F}{\Delta \varepsilon \times S} \tag{8-4}$$

式中　ΔF——应变力，kg；

　　　$\Delta \varepsilon$——应变量，10^{-6}；

　　　S——岩心横截面积，cm^2；

　　　E——弹性模量，MPa。

泊松比 μ 由下列公式求取：

$$\mu = \frac{横向 \Delta \varepsilon}{纵向 \Delta \varepsilon} \tag{8-5}$$

岩心直径取 25cm，经过整理得出表 8-1：

表 8-1　各岩心弹性模量、泊松比数据表

取心地点	井号	取心井段	$E \times 10^4$（MPa）	μ
樊学	定 4106	1839. 60~1840. 60m	0. 39	0. 29
姬塬	定 5327	2008. 39~2008. 50m	0. 18	0. 22
	定 5327	2066. 19~2066. 24m	0. 88	0. 32
	定 5327	2068. 18~2068. 25m	0. 4	0. 17
	定 5310	2025. 00~2032. 95m	0. 04	0. 14
	定 5310	2027. 21~2027. 30m	0. 16	0. 06
	定 5310	2031. 77~2031. 87m	0. 12	0. 03
油房庄	定 3128	1698. 30~1698. 39m	0. 07	0. 23
	定 3128	1700. 35~1700. 45m	0. 23	0. 28
	定 3128	1700. 35~1700. 45m	2. 72	0. 67

各层位的 E 和 μ 取平均值，得表 8-2：

表 8-2 各层段平均岩心弹性模量、泊松比数据表

取心地点	井号	层段	平均 $E\times10^4$（MPa）	平均 μ
樊学	定 4106	1839.60~1840.60m	0.39	0.29
姬塬	定 5327	2008.39~2008.50m	0.18	0.22
		2066.19~2068.25m	0.64	0.25
	定 5310	2025.00~2032.95m	0.11	0.08
油房庄	定 3128	1698.30~1700.45m	1.00	0.39

得出表 8-2 后，我们应用出砂指数法来预测油层是否出砂。

应用出砂指数法预测油层是否出砂时要用到式（8-4）至式（8-6）：

$$G = \frac{E}{2(1 + \mu)} \tag{8-6}$$

式中 B——出砂指数，MPa；

　　　K——体积弹性模量，MPa；

　　　G——切变弹性模量，MPa。

出砂指数 B 值越大，岩石的体积弹性模量 K 和切变弹性模量 G 之和越大，即岩石强度越大，稳定性越好，不易出砂。由胜利油田大量现场实验证明，出砂的经验判别值为：

①当 $B>2\times10^4$MPa 时，正常生产中油层不会出砂；

②当 4×10^4MPa$<B<2\times10^4$MPa 时，油层轻微出砂，但油层见水后，地层出砂严重，应在生产的适当时间进行防砂；

③当 $B<1.4\times10^4$MPa 时，油井生产过程中出砂量较大，应进行早期防砂。

把各地区的 E 和 μ 值代入上面公式中，得到表 8-3：

表 8-3 各层段出砂指数表

取心地点	井号	层段	出砂指数 $B\times10^4$（MPa）
樊学	定 4106	1839.60~1840.60m	0.51
姬塬	定 5327	2008.39~2008.50m	0.21
		2066.19~2068.25m	0.77
	定 5310	2025.00~2032.95m	0.11
油房庄	定 3128	1698.30~1700.45m	2.00

从表 8-3，结合出砂指数 B 的经验判别值，可以得出如下结论：樊学延 9 和姬塬的出砂指数均小于 1.4×10^4MPa，说明出砂量较大。油房庄的出砂指数为 2×10^4MPa，说明该区轻微出砂，当没有地层破坏时，正常生产中油层不会出砂。

从上结论可知，樊学地层出砂量较大，从而可以认为樊学出砂是地层砂。

4. 樊 1 站出砂砂样粒径分析

为对樊 1 站出砂砂样粒径进行分析，我们做了振动筛分析试验，其实验如下：

1）实验仪器及参数

XSB-88 型顶振式振筛机，由浙江上虞区胜飞实验机械厂生产，振筛机参数如下：

筛摇动次数：221 次/min；

振击次数：147 次/min；

回转半径：12.5mm；

电压：380V；

转速：2800r/min；

振动时间：10min。

2）实验样品

樊1站样品总质量：94.66g（样品由经过过滤、洗油、烘干制备得到）

3）实验结果

实验结果见表8-4和图8-7。

表 8-4　樊 1 站砂样粒径大小分布

振动筛目数	孔径（mm）	样品质量（g）	所占比例（%）
60 目	0.28	9.82	10.37
80 目	0.18	4.37	4.62
100 目	0.154	2.64	2.79
120 目	0.125	2.87	3.03
140 目	0.106	4.62	4.81
160 目	0.09	6.22	6.57
180 目	0.084	11.07	11.69
200 目	0.071	1.03	1.09
>200 目	<0.071	52.03	54.95

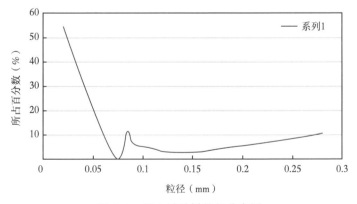

图 8-7　樊 1 站砂样粒径分布图

从表8-4和图8-7可以看出，大多数（73.21%）的砂粒粒径都小于0.1mm，这说明樊学油区所出砂粒径非常细小，对于防砂来说，很难防得住如此细小的砂粒。通过现场了解到，樊学油区的压裂砂粒径为0.45~0.90mm，由表8-4和图8-10可以看到，樊1站砂样粒径为 0.45~0.90mm 的非常少，甚至可以看成是没有，从而可以知道，樊学油区如此细小的砂粒只能是来自地层。

五、生产参数对出砂的影响

1. 生产压差与地层出砂的关系

1) 理论模型

采油过程中的液体渗流产生的对砂粒的拖曳力是出砂的重要原因。地层压力降低，增加了地应力对岩石颗粒的挤压作用，扰乱了颗粒之间的胶结，有可能会引起出砂。在其他条件相同时，生产压差越大，渗透率越高，在井壁附近液流对地层的冲刷力就越大。在同样的生产压差下，地层是否容易出砂，还取决于建立压差的方式，突然建立压差时，压力未能及时传播出去，压力分布曲线很陡，井壁压力梯度很大，容易破坏地层结构，引起出砂。因此，这种工作制度造成过大的生产压差，以及强烈的抽汲之后往往会引起出砂。

油层被钻开后，原来均匀的应力场将重新分布，在井壁上产生应力集中。假设某一垂直井钻穿某一渗透性水平油层，油层岩石是各向同性的均质弹性体，孔隙被流体完全充满，忽略构造应力的影响。

对于圆柱形孔眼，其应力平衡方程为：

$$\frac{\partial \sigma_r}{\partial r} + \frac{\sigma_r - \sigma_0}{r} = 0 \tag{8-7}$$

式中　r——径向距离，m；

　　　σ_r——径向应力，MPa；

　　　σ_0——周向应力，MPa。

而在外边界的水平应力和垂直应力有如下关系：

$$\sigma_{ro} = \frac{\nu}{1-\nu}\sigma_{zo} + \frac{1-2\nu}{1-\nu}\beta p_o \tag{8-8}$$

式中　σ_{ro}，σ_{zo}——外边界处的水平应力与垂直应力，MPa；

　　　ν——岩石泊松比；

　　　β——Biot 常数；

　　　p_o——孔隙压力，MPa。

再假设地层中孔隙是连通的，则作用在岩石骨架上的有效应力等于正应力减去孔隙压力，因此井壁上的有效应力为：

$$\sigma_{ri} = (1-\beta)p_{wf} \tag{8-9}$$

$$\sigma_{\theta i} = \frac{2\nu}{1-\nu}\sigma_{zo} + \frac{1-2\nu}{1-\nu}\beta(p_o + p_{wf}) - (1+\beta)p_{wf} \tag{8-10}$$

$$\sigma_{zi} = \sigma_{zo} - \frac{1-2\nu}{1-\nu}\beta(p_o - p_{wf}) - \beta p_{wf} \tag{8-11}$$

式中　σ_{ri}——有效径向应力，MPa；

p_{wf}——井底流压，MPa；

$\sigma_{\theta i}$——有效周向应力，MPa；

σ_{zi}——有效轴向应力，MPa。

岩石破坏采用 Mohr-Coulomb 准则，即：

$$|\tau| = S_o + \sigma \text{tg}\phi \tag{8-12}$$

式中　$|\tau|$——岩石剪切面的抗剪强度，MPa；

S_o——地层胶结强度（岩石内聚力），MPa；

σ——剪切面上的正应力，MPa；

ϕ——内摩擦角，(°)。

根据 Mohr-Coulomb 准则，当应力圆的"半径"r_m 小于应力圆的圆心到摩尔包络线的"距离"d 时，岩体是稳定的，否则是不稳定的，在井壁处：

$$r_m = \frac{\nu}{1-\nu}\sigma_{zo} + \frac{1-2\nu}{2(1-\nu)}\beta(\rho_o + p_{wf}) - p_{wf} \tag{8-13}$$

$$d = \frac{\sin\phi}{2}\left|\frac{2\nu}{1-\nu}\sigma_{zo} + \frac{1-2\nu}{1-\nu}\beta p_o - \frac{1}{1-\nu}\beta p_{wf}\right| + S_o\cos\phi \tag{8-14}$$

根据力学模型弹性解及 Mohr-Coulomb 准则，当 $r_m \geq d$ 时岩体处于极限状态或产生剪切破坏，因此，令 $r_m = d$ 可以得到油井开始出砂时的临界井底流压：

$$p_{cr} = \frac{\dfrac{2\sigma_{zo}\nu + (1-2\nu)\beta p_o}{1-\nu}\sin\phi + 2S_o\cos\phi - \dfrac{2\sigma_{zo}\nu}{1-\nu} - \dfrac{1-2\nu}{1-\nu}\beta p_o}{\dfrac{1-2\nu}{1-\nu}\beta - 2 + \dfrac{\sin\phi}{1-\nu}\beta} \tag{8-15}$$

因为缺少资料，渗透率、表皮系数、油层厚度等均无法获得准确值，并考虑到溶解气驱占主要作用，我们选择 Vogel 方程来求取临界井底流压下的临界产量。

$$\frac{q_o}{q_{o\,max}} = 1 - 0.2\frac{p_{wf}}{\bar{p}_r} - 0.8\left(\frac{p_{wf}}{\bar{p}_r}\right)^2 \tag{8-16}$$

首先利用某一次的产量 q 和井底流压 p_{wf}，计算最大产量 $q_{o\,max}$：

$$q_{o\,max} = \frac{q_o}{\left[1 - 0.2\dfrac{p_{wf}}{\bar{p}_r} - 0.8\left(\dfrac{p_{wf}}{\bar{p}_r}\right)^2\right]} \tag{8-17}$$

其中 q 取得是示功图对应的产量，p_{wf} 由下式得到：

$$p_{wf} = \rho_o gh/1000 = \rho_o g(h_1 - h_2)/1000 \tag{8-18}$$

地层压力取的是由本公司测试队获得的值 $\bar{p}_r = 7.099\text{MPa}$。

式中　p_o——地下原油密度，kg/m^3；

g——重力加速度，N/kg；

h_1——油层中部深度，m；

h_2——动液面深度，m。

则临界生产压差下的产量即临界产量 q_{ocr} 为：

$$q_{ocr} = \left[1 - 0.2 \frac{p_{cr}}{\bar{p}_r} - 0.8 \left(\frac{p_{cr}}{\bar{p}_r} \right)^2 \right] q_{o\,max} \tag{8-19}$$

通过对樊学 4106 井 1840m 的延 9 段的岩石在地面条件下做静态应变试验得到岩石的泊松比为 0.29。因为若在地下条件下，既存在三向围压又有温度的影响，岩石的泊松比会相应减小。所以我们经过相应换算，选取岩石泊松比 $\mu = 0.15$，0.18，0.20 作为地下的泊松比。

由摩尔圆包络线表达式 $\tau = 2.52693 + \sigma tg\,(60)$，得到岩石内聚力 $S_o = 2.52693MPa$，内摩擦角 $\phi = 60°$。

2）分析

利用上述的数学模型及基础数据，计算出有示功图的数据比较全的井的临界井底流压 p_{cr} 与临界产量 q_{cr}。各井生产参数如下：

表 8-5　与示功图对应的产量情况表

井号	日期	产液量 （m³/d）	产油量 （m³/d）	产水量 （m³/d）	含水 （%）	动液面 （m）	沉没度 （m）
樊 5	04-3-22	0.375	0.131	0.244	65		
1544	04-6-11	6.222	0	6.222	100	1674	67.11
1545	04-5-31	10.082	5.243	4.839	48	1624	54.35
1545	04-5-10	1.988	0.596	1.392	70		
432	04-7-4	11.037	9.381	1.656	15	1462	62.82
1262	04-5-15	2.2	1.43	0.77	35		
1545	04-5-15	6.627	3.314	3.314	50		
1262	04-5-12	1.9	1.273	0.627	33		
1545	04-3-27	13.206	3.962	9.244	70	1655	64.3
1548	04-4-3	7.75	1.24	6.51	84	1714	114.36
1545	04-4-3	9.588	3.835	5.753	60		
樊 2	04-4-12	3.347	1.071	2.276	68	1440	6
1254	04-4-10				70		
1262	04-6-8	4.8	0	4.8	100		

计算结果：

（1）1548 井：实际产量为 1.240m³/d（2004.4.3）。

表 8-6　1548 井临界量计算结果表

泊松比 μ	临界产量 （m³/d）	临界井底流压 （MPa）	临界压差 （MPa）
$\mu = 0.15$	1.278	0.744	6.355
$\mu = 0.18$	0.977	3.245	3.854
$\mu = 0.20$	0.630	4.912	2.817

（2）1545 井：实际产量为 3.962m³/d（2004.3.27）。

表 8-7　1545 井临界量计算结果表 1

泊松比 μ	临界产量 （m³/d）	临界井底流压 （MPa）	临界压差 （MPa）
$\mu = 0.15$	4.545	0.172	6.927
$\mu = 0.18$	3.766	2.558	4.541
$\mu = 0.20$	2.787	4.149	2.950

（3）1545 井：实际产量为 4.839m³/d（2004.5.31）。

表 8-8　1545 井临界量计算结果表 2

泊松比 μ	临界产量 （m³/d）	临界井底流压 （MPa）	临界压差 （MPa）
$\mu = 0.15$	5.540	0.172	6.927
$\mu = 0.18$	4.590	2.558	4.541
$\mu = 0.20$	3.397	4.149	2.950

（4）432 井：实际产量为 9.381m³/d（2004.7.4）。

表 8-9　432 井临界量计算结果表

泊松比 μ	临界产量 （m³/d）	临界井底流压 （MPa）	临界压差 （MPa）
$\mu = 0.15$	11.215	0.038	7.061
$\mu = 0.18$	9.445	2.983	4.116
$\mu = 0.20$	7.161	3.971	3.128

（5）樊 2 井：实际产量为 1.071m³/d（2004.4.12）。

表 8-10　樊 2 井临界量计算结果表

泊松比 μ	临界产量 （m³/d）	临界井底流压 （MPa）	临界压差 （MPa）
$\mu = 0.15$	1.370	0.293	6.806
$\mu = 0.18$	1.118	2.703	4.396
$\mu = 0.20$	0.808	4.310	2.789

（6）1544 井：实际产量为 0（2004.6.11）。

表 8-11　1544 井临界量计算结果表

泊松比 μ	临界产量（m³/d）	临界井底流压（MPa）	临界压差（MPa）
$\mu = 0.15$	6.694	0.662	6.437
$\mu = 0.18$	5.181	3.146	3.953
$\mu = 0.20$	4.082	4.802	2.297

由井下出砂临界值的计算，我们有如下结论：

（1）泊松比对临界流压和临界产量的影响很大。具体表现为泊松比越小，临界井底流压越小，出砂的临界产量越大。也就是说，岩石越致密，强度越高，越不容易出砂。

（2）由实际产量与不同 μ 值时临界产量的大小比较，联系到各口井的出砂状况，说明 $\mu = 0.20$ 比较接近于实际值，也就是应该取 $\mu = 0.20$ 时的临界产量值，作为控制不出砂的最大产量。

（3）本计算的意义在于要控制合理的生产压差与产量，使得岩层保持稳定，砂粒不至于被拖曳出地层。

2. 井筒携砂规律研究

1）理论模型

砂粒在井筒流体中的运动状态可以分为沉降与上升，两者的运动方向不同，但从动力学角度分析，其实质是固体颗粒在连续流体中的相对运动。因此，如果从最简单的砂粒自由沉降出发，研究砂粒表现为沉降、悬浮以及上升的临界条件，就可以优化深井泵抽汲系数，进行合理的生产管柱设计及砂锚等防砂工具的设计提供合理的理论依据。

一种均匀、光滑以及密度为 ρ_s、直径为 d_s 的球形颗粒处于密度为 p_1、黏度为 μ 的流体中，且体系中无静电和外界离心力的作用，仅处于重力作用之下，则颗粒的沉降末速 u_{s0} 的表达式为

$$u_{s0} = \sqrt{\frac{4gd_s(p_s - p_1)}{2C_D \rho_1}} \quad (8-20)$$

式中：

C_D 为固体颗粒雷诺数的 $(Re)_s$ 的单值函数，固体颗粒雷诺数的定义为：

$$(Re)_s = \frac{\rho_1 u_s d_s}{\mu} \quad (8-21)$$

当处于层流区时，颗粒的沉降末速 u_{s0} 的表达式为：

$$u_{s0} = \frac{g(\rho_s - \rho_1)d_s^2}{18\mu} \quad (8-22)$$

流体在管道中流动时，由于受管壁的影响，流体速度在横截面上的分布并不均匀，管道中心处的流速最大，接近管壁处流速较小，在管壁上流速为零。层流条件下，管道中的流体平均速度为：

$$\bar{u} = \frac{\Delta p}{8\mu l} r_0^2 \times 1000 \qquad (8-23)$$

式中　$\Delta p/l$——流体沿管道流动的压力梯度，Pa/m；

μ——流体的黏度，mPa·s；

r_0——管道的半径，m。

考虑到砂粒形状不规则性的影响，只要井筒产液的平近流速达到砂粒自由沉降末速的 2.918 倍以上，砂粒则总体上表现为上升运动，就能被井液携带至地面。即满足：

$$\bar{u} \geqslant 2.918 u_{s0} \qquad (8-24)$$

2）分析

根据以上理论，可以得到垂直井筒携砂的临界流速与临界产量。计算结果如下：

（1）1548 井（2004.4.3）。

表 8-12　1548 井筒临界值数值表

颗粒直径（mm）	临界产量（m³/d）	临界井底流压（MPa）	临界生产压差（MPa）
$d=0.071$	8.387	1.177	5.922
$d=0.1$	9.953	1.177	5.592
实际产油/液量（m³/d）	1.240/7.75	—	—

（2）1545 井（2004.3.27）。

表 8-13　1545 井筒临界值数值表 1

颗粒直径（mm）	临界产量（m³/d）	临界井底流压（MPa）	临界生产压差（MPa）
$d=0.071$	8.387	2.048	5.051
$d=0.1$	9.953	2.048	5.051
实际产油/液量（m³/d）	3.962/13.206	—	—

（3）1545 井（2004.5.31）。

表 8-14　1545 井筒临界值数值表 2

颗粒直径（mm）	临界产量（m³/d）	临界井底流压（MPa）	临界生产压差（MPa）
$d=0.071$	8.387	1.177	5.992
$d=0.1$	9.953	1.177	5.992
实际产油/液量（m³/d）	5.243/10.082	—	—

（4）432 井（2004.7.4）。

表 8-15　4432 井筒临界值数值表

颗粒直径（mm）	临界产量（m³/d）	临界井底流压（MPa）	临界生产压差（MPa）
$d=0.071$	8.387	2.346	4.753
$d=0.1$	9.953	2.346	4.753
实际产油/液量（m³/d）	9.381/11.037	—	—

（5）樊 2 井（2004.4.12）。

表 8-16　樊 2 井筒临界值数值表

颗粒直径（mm）	临界产量（m³/d）	临界井底流压（MPa）	临界生产压差（MPa）
$d=0.071$	8.387	2.86	4.238
$d=0.1$	9.953	2.86	4.238
实际产油/液量（m³/d）	1.071/3.347	—	—

（6）1544 井（2004.6.11）。

表 8-17　1544 井筒临界值数值表

颗粒直径（mm）	临界产量（m³/d）	临界井底流压（MPa）	临界生产压差（MPa）
$d=0.071$	8.387	1.401	5.698
$d=0.1$	9.953	1.401	5.698
实际产油/液量（m³/d）	0/6.222	—	—

由井筒携砂规律的研究与计算，我们有如下结论：

（1）只要产量到达 8.387m³/d，井筒中的液体流动就能携带起直径小于 0.071mm 的砂粒到地面，它占到总砂量的 55% 以上；只要产量到达 9.953m³/d，井筒中的液体流动就能携带起直径小于 0.1mm 的砂粒到地面，它占到总砂量的 70% 以上。

（2）从井筒计算来看，樊 2 井的出砂是最严重的，它的流量远不能达到携带砂粒流动的要求，绝大部分砂粒都沉在井筒中。1548 井次之。产量未达到的主要原因是地层供液不足。

（3）在地层出砂的条件下，要使得大部分砂粒被携带出井筒，必须保持产量在 9.953m³/d 以上。这就需要采取注水等方式补充地层能量。

（4）可以考虑每隔一段时间进行一次冲砂作业，以便在流量不够时，使得井筒中的沉砂及时排出，不至于产生堵塞乃至卡泵。根据出砂粒径较小的实际情况，推荐采用正向冲砂法，即冲砂液沿冲砂管（即油管）向下流动，在流出油管鞋时，以较高的流速冲散砂堵，被冲散的砂和冲砂液一起沿冲砂管与套管的环形空间返出地面。为增大液流冲刺力，油管下端装上斜切式管鞋或冲砂笔尖，这样既可以防止下放过快而憋泵，又可以利用笔尖刺松砂堵，便于排砂。冲砂的时间间隔可根据具体情况而定，一般在 10～30d 之间，流量可控制在 500～800L/min。

六、防砂方法

1. 防砂方法概述

根据防砂原理及工艺特点，目前主要防砂方法大致可以分为机械防砂、化学防砂、复合防砂和其他防砂方法几类。

1）机械防砂方法

机械防砂方法可以分为两类，第一类是仅下入机械管柱的防砂方法，如绕丝筛管、割缝衬管、各种滤砂管等。这种方法简单易行，施工成本低。缺点是防砂管柱容易被地层砂堵塞，只能阻止地层砂产出到地面而不能阻止地层砂进入井筒，有效期短，只适用于第二类机械防砂方法为管柱砾石充填，即在井筒内下入绕丝筛管或割缝衬管等机械管柱后，再用砾石或其他类似材料充填在机械管柱与套管的环形空间内，并挤入井筒周围地层，形成多级滤砂屏障，达到挡砂目的。这类方法设计及施工复杂，成本较高；但挡砂效果好，有效期长，成功率高，适用性广，可用于细、中、粗砂岩地层，垂直井，定向井，热采井等复杂条件。砾石充填防砂的缺点主要是施工复杂，一次性投入高；若砾石尺寸选择不当，地层砂侵入砾石层后会增加油流人井的阻力，影响防砂后的油井产能。研究结果表明，砾石充填井间附近主要压降损失在填有砾石的射孔炮眼内。因施工过程较长，必须注意减少作业过程中对油层的伤害。油砂中值大于 0.1mm 的中、粗砂岩地层。

2）化学防砂

化学防砂是向地层中挤人一定数量的化学剂或化学剂与砂浆的混合物，达到充填、固结地层、提高地层强度的目的。化学防砂主要分为人工胶结地层和人工井壁两种方法。人工胶结地层是向地层注入树脂或其他化学固砂剂，直接将地层砂固结；人工井壁是将树脂砂浆液、预涂层砾石、水带干灰砂、水泥砂浆、乳化水泥等挤入井筒周围地层中．固结后形成具有一定强度和渗透性的人工井壁。

化学防砂方法适用于薄层短井段，对粉细砂岩地层的防砂效果好，施工后井筒内不留下任何机械装置，便于后期处理。缺点是有机化学剂材料成本高，对油藏温度的适应性较差，易老化，有效期短，固结后地层渗透率明显下降，产能损失大。

3）焦化防砂

焦化防砂的原理是向油层提供热能，促使原油在砂粒表面焦化，形成具有胶结力的焦化薄层。主要有注热空气固砂和短期火烧油层固砂两种方法。缺点主要是强度低，可控性差，对油藏流体性质有较大的依赖性。

4）复合防砂

复合防砂利用机械防砂和化学防砂的优点相互补充，一方面能在近井地带形成一个渗透性较好的人工井壁，另一方面利用机械防砂管柱形成二次挡砂屏障，起到很好的防砂效果。复合防砂效果好，有效期长。复合防砂通常使用的机械防砂管柱为滤砂管和绕丝筛管，与之配合使用的化学方法常为化学剂和涂料砂。

目前常用的防砂方法归类见表 8-18。

表 8-18　防砂方法分类

		绕丝筛管
机械防砂	滤砂器防砂	割缝衬管
		双层预充填绕丝筛管
		金属棉（毡、布）滤砂管
		树脂石英滤砂管
		陶瓷滤砂管
	砾石充填防砂	裸眼砾石充填
		筛管管内砾石充填
		筛管管内砾石充填

化学防砂	人工胶结固砂	酚醛树脂胶结地层
		酚醛溶液地下合成防砂
	人工井壁	预涂层砾石人工井壁
		树脂砂浆人工井壁
		水带干灰砂人工井壁
		水泥砂浆人工井壁
		树脂核桃壳人工井壁
		乳化水泥人工井壁
	其他方法	焊接玻璃固砂
		氢氧化钙固砂
		四氯化硅固砂
		水泥—碳酸钙混合液固砂
		聚乙烯固砂
		氧化有机物固砂
复合防砂	机械、化学相结合的防砂方法、高渗压裂充填防砂	
其他方法	降低流速	增大射孔段长度、增加射孔密度
		控制产量
	增大油层径向应力	裸眼产层膨胀式封隔器
	焦化防砂	注热空气固砂
		短期火烧油层固砂

2. 樊学油区防砂方法

1）出砂特征

樊学油区油田的特征是出砂，而且是主要问题。导致油田出砂的主要原因与岩石地貌学和地层内流体流动有关，而长时间的大流量冲刷与压力激动作用使出砂更为严重。岩石靠碎屑黏土弱胶结的，该天然胶结很快会被任何形式的冲击（诸如水流、压降、高温）所破坏。流体流动是引起出砂的主要力量，流体流经基岩所产生的阻力能很快破坏所有的天然胶结，并致使地层出砂。可以断定：该阻力直接与流体的黏度和产量有关。许多文献对这个阻力进行过探讨，并推导出公式用以预测流体阻力将要超过砂岩天然胶结力时的值。这个值有时候被称作速度临界值，或引起砂子流动的初始生产速度。很遗憾：该速度值或生产速度往往远低于井的最大生产速度。

使出砂增多的其他原因还包括：总体开采速度快，水油比高。生产速度快直接引起地层内流体流动速度快，增大的阻力能使黏土产生移动。高水油比或产水量大使出砂问题加剧，原因是砂子和黏土均是亲水性的，这使得地层水成为运移黏土的介质。产量高时，油流，尤其是地层水会进一步冲蚀所有的天然胶结，使出砂增多。所以应该"治标"更要"治本"。

由樊学油区的砂粒极细，一般的方法是防不住的，我们考虑防住大砂粒，对于细砂粒就让它随油水一起被采出，只要砂粒不卡泵就行。因此，我们推荐采用"治标又治本"的综合治砂方案：即使用黏土稳定剂固住地下黏土，滤砂管防住粗大砂粒，特种泵沉淀细砂来解决该区块的问题。对于粉细砂在井筒的聚集问题，我们推荐使用热水+清防蜡剂的化学热洗法来消除粉细砂的"胶结剂"——蜡。

2）黏土稳定剂

黏土稳定剂可大致分为以下三类：无机盐类、阳离子无机高分子和有机高分子类。有机高分子又包括阳离子有机高分子，阴离子有机高分子和非离子有机高分子。黏土稳定剂不仅用在酸化压裂等常规提高采收率作业中，而且也用在注水油田的防膨作业中，即用它来固定住黏土。因此要求黏土稳定剂不仅具有热稳定性、耐酸性之外，还应具备下列几项标准：①耐冲洗；②对砂岩是油藏非润湿的；③相对低的分子量，以免堵塞油藏孔喉；④具有正电荷。

用以上标准来衡量，阳离子有机高分子是首选的黏土稳定剂。这类稳定剂与前三类相比其主要特点是适用范围广，稳定效果好，有效时间长，既能抑制黏土的水化膨胀又能控制微粒的分散运移，且抗酸、碱、油、水的冲洗能力都较强。有机阳离子聚合物的种类较多，按其所含阳离子的不同又可分为聚季铵盐、聚季磷盐和聚叔硫盐三类。其中聚季铵盐类是国内外近年来的重要研究对象，也是目前最有发展前途的一类稳定剂。

由于泵出现故障的频率高，随之而来的施工费也增加，国内外对提高防砂效果的黏土稳定剂的性能进行了试验。为提高资金回收率、降低施工费用，一些地方开展了该项研究——确定出砂主要原因并用黏土稳定剂提高总的防砂效果。研究工作最初集中在对地层资料的收集和分析上：包括筛选分析、矿物分析以及扫描电子显微镜照片。通过岩样获取的矿物分析以及扫描电子显微镜照片资料表明：砂粒是靠蒙脱石和伊利石混合黏土弱胶结的。因此假设胶结黏土的剥离先于井内出砂出现，根据该假设推论：通过阻止胶结黏土的运移和分离可提高防砂效果。

根据油藏的矿物学假设：井内出砂迟于胶结黏十的剥离，这一机理包括流休升温、高水油比均会造成黏土剥离。一旦黏土被溶解或冲走，砂粒就能自由流动，导致出砂。因此假定：只要尝试增强黏土的天然化学键就会降低出砂。这就使研究的方向转为研制各种黏土稳定剂。黏土稳定剂有多种形式。最普遍的是连接到黏土颗粒表面的阳离子有机聚合物。选中一种强化黏土稳定剂，首要因素是它能控制住蒙脱石和伊利石，第二考虑是它能保持地层水湿润。该黏土稳定剂属水溶性，由于它的多个阳离子键接在聚合物链上，所以能永久地吸附在黏土表面。该吸附作用使得黏土水润湿，处理过的黏土在新水中不易于膨胀。此外，吸附着的聚合物链短可以使处理过的黏土受流体运移的影响减小，因此，在液流中，黏土不易于溶解和运移。总而言之，人们研制黏土稳定剂不是用来防砂的，而用它们来提高黏土对流体流动的耐受力以加固基岩，从而防止砂子在原生位置被产出。换言之，大多数的防砂措施是企图阻挡砂子进入井筒（该现象的出现表现了基岩的非稳定性），如果能在砂子被采出前增加基岩的胶结使用，把砂子留在原处，则不失为一种很好的防砂办法。到目前为止，国内外已经成功地施工了许多井，有一些井，泵的使用期限明显延长。

3）实例

实例1：某井A于1999年因长期出砂和筛管冲蚀而重新钻井，在下筛管投产前，用1%浓度的黏度稳定剂施工液对地层进行了施工。施工后，泵工作了135d，而该区块没有用黏土稳定剂进行施工的重新钻的井的平均泵使用寿命达50.7d。

实例2：某井 B 于 1999 年重新钻井并进行了施工，该区块其他没有经稳定剂处理的重新开的钻井的平均泵使用寿命不足 17d。而此例稳定剂施工井的泵工作了 120d。此外，该井的产量也达到了施工前的历史平均水平，这表明，黏度稳定剂在地层中不妨碍生产。

实例3：某井 C 于 1999 年重新钻井。此井刚刚投产后，大量的细砂进入井筒，泵仅工作了 24h。第一周内，该井提了 4 次管柱。如果再上一个应急措施，该井就要亏损，于是就用稳定剂对地层进行了处理。此井连续工作 210d 无砂堵问题。

实例4：某井 D 筛管已断并伴有长期出砂。用黏土稳定剂处理地层是最后一种应急措施。泵的使用期限未能延长，但通过此次施工筛选施工井的程序得到完善，即施工前对施工井的筛管是否完整要做调查。

表 8-19　单独使用黏土稳定剂进行施工的结果

井序	目前产量	目前总产量	水油比	温度（℉）	施工前泵使用期限（d）	施工后泵使用期限（d）	泵寿命增加（％）	备注
A	50	300	6	220	240	365	50	
B	50	300	6	200	45	365	600	
C	40	900	25	190	70	365	400	
D	15	25	1.6	100	1	365	>1000	
E	4	120	30	157	120	30	失败	40 目割缝缝眼
F	40	330	8	230	30	40	33	
G	50	300	6	203	147	365	108	
H	15	50	3	100	150	45	失败	水力喷射射孔
I	50	750	15	167	90	60	失败	40 目割缝缝眼
J	10	100	10	100	120	45	失败	水力喷射射孔
K	25	500	20	200	40	7	失败	沉管有机械损伤

表 8-20　黏土稳定剂施工结果及关键变化

井序	目前产量	目前总产量	水油比	温度（℉）	施工前泵使用期限（d）	施工后泵使用期限（d）	泵寿命增加（％）
A	100	500	5	200	51	125	145
B	10	125	4	174	17	23	失败
C	30	1000	100	100	365	265	失败
D	80	750	9	180	17	120	705
E	30	900	30	190	17	33	100
F	15	125	8	170	17	365	1000
G	180	250	1.5	200	245	365	49
H	10	1000	100	168	17	20	失败
I	20	600	30	210	45	115	155
J	30	120	4	107	245	365	32
K	50	300	6	240	245	365	32

4）分析

根据结果，很快分析出成功与失败的因素。总的来说，施工后，黏土的稳定使泵寿命提高了几乎 200%。这就等于省下了每口井多提一次管柱的费用，根据费用分析，施工不盈不贴。因此为避免不必要的施工，决定油井再次投产后，只有出砂过多时才使用黏土稳定剂。这些施工结果同时表明黏土稳定剂加强了黏土间的化学键，并提高了它们对初始油流冲击的耐受力（当油井投入生产时）。单独施工时，黏土稳定剂提高泵的寿命将近是上述实例的 1.5 倍。当用多变量统计分析法进行分析时，很快就得出结论：黏土稳定剂在一组给定的施工井选择标准下，其效果发挥得异常好。

（1）典型施工工艺。

①使用浓度及处理液用量。

a. 现场使用时一般用清水或地层净化水把稳定剂配制成 10% 浓度的溶液；

b. 推荐每米油层处理液用量为 2.0~2.5m^3。

②现场施工工序。

a. 探冲砂至人工井底，彻底洗井；

b. 按设计要求下入施工管柱；

c. 用油层清洗剂对处理层段预处理以洗除地层砂表面黏附的原油以提高固砂效果。如果油井含水超过 85% 时，可不用清洗剂预处理；

d. 把配制好的抑砂剂处理液挤入地层，挤入压力不得高于地层破裂压力；

e. 开井生产。

③注意事项。

a. 适用于出砂不太严重，井口含砂低于 0.5% 的油井进行稳砂控砂处理；

b. 适用于砂卡频繁检泵而不能正常生产的油井；

c. 油井原油黏度应低于 1500mPa·s；

d. 对含水较低（<85%）的油井，应采用与清洗剂配合使用的施工工艺；

e. 对泥质粉细砂岩油层，应采用抑砂剂与酸配合的地层处理技术；

f. 对出砂严重，原油物性较差的油井，应结合其他防砂工艺使用。

（2）推荐使用的黏土稳定剂。

聚季铵盐黏土稳定剂—江苏宜兴石油助剂厂；小分子量的季铵型黏土稳定剂 CETA—山东大学；新型黏土稳定剂 HES—中海石油（中国）有限公司天津分公司；CT12-1 黏土稳定剂—西南石油大学；SSN-3 黏土稳定剂—濮阳宏仕石油化学服务有限公司；JCS 黏土稳定剂—长江大学；FGW-1 复合耐高温黏土稳定剂—胜利油田孤岛采油厂；DTE 酸化黏土稳定剂—胜利油田采油工艺研究院。

5）滤砂管

（1）粒径<0.3mm 的产（冲）出砂以地层排出砂为主，粒径分级结果基本上能够反映油层出砂状况；

（2）粒径≥0.4mm 的产（冲）出砂多为绕丝变形、滤砂管损坏后的排出的防砂材料，主要反映目前的防砂效果，不能真实地反映油层出砂状况，在防砂措施的制定中只能作为参考。

油区进入到高含水开发期后，长期的强采使得油层破坏严重，粒径≥0.3mm 的粗砂，也有可能沿大孔道排出。砂受防砂效果影响较为明显，不能真实地反映油层的出砂状况，对防砂方法的指导意义不大。

基于以上认识，可以将油层出砂分为 4 级：粗砂（粒径 ≥ 0.3mm），中砂（粒径 0.15~0.3mm）、细砂（粒径 0.088~0.15mm）和粉细砂（粒径<0.088mm）。对油井产出砂按上述四种级别分类，基本上反映了油井出砂、防砂效果的状况。

由现场实践分析如下表：

表 8-21　粒径分析与防砂方法的适应性统计表

粒径分级				防砂方法	实施井次	成功井次	成功率（%）	有效率（%）
粗砂	中砂	细砂	粉细砂					
<15%	20%~30%	20%~30%	>20%	涂防滤	2	2	100	312
				干灰绕	1	0	0	0
<15%	<305	>30%	<10%	干灰绕	2	2	100	265
				绕丝	3	1	33.3	185
<15%	30%~50%	<30%	<10%	绕丝高充	22	20	90.9	278
				割封筛管	2	1	50	152
<15%	>50%	<30%	<10%	割缝筛管	2	2	100	231
				绕丝高充	2	2	66.7	237

由表中统计结果可以看出，当粉细砂含量较高时，涂防滤适应性较好；当细砂含量较高时，干灰绕丝适应性较好；当中砂含量较高时，绕丝高充适应性较好；当中砂含量较高时，割缝筛管适应性较好；另外，当粗砂、中砂含量均比较高时，说明地层已不同程度地受到破坏，应对地层进行大剂量充填以补充地层亏空，加固岩石构架。

按照此标准，根据砂粒粒径分析结果，定边樊学油区的出砂属于细砂、粉细砂，所以推荐采用涂防滤。具体如下：

涂覆滤砂管防砂，主要是选用具有胶结性能良好的胶结剂，同经过筛选的具有一定硬度的颗粒物质为骨料，按比例混合，在一定的条件下固结成型，制成具有较高强度和渗透率的滤砂管，并与其他工具组合下入到井内，对准出砂层位，阻挡地层砂进入到生产管柱中，防止油井出砂的方法。

由于选用的胶结剂和骨料的不同，可以制成多种不同的滤砂管。涂防滤是在石英砂的表面，通过物理化学方法均匀涂覆一层树脂，在常温下干固，不发生粘连的稳定颗粒，将这种石英砂固结成型就制成了涂覆滤砂管。

根据樊学油区出砂的实际情况，并由采油手册的滤砂管的应用范围见表 8-22。我们推荐使用 A 型防砂管。

表 8-22　滤砂管应用范围

地层砂粒度中值（mm）	选用滤砂管规格
<0.1	A
0.1~0.2	B
0.2~0.3	C
0.3~0.4	D
0.4~0.5	E

6）防砂泵防砂

中国各大油田的油层一般含有以下几种固体颗粒（晶体矿物）：石英、长石、粉状石灰石、云母及粘土矿物质。其中石英的硬度最高，硬度值一般为 HV750~1280；长石的硬度值一般为 HV470~600；其他矿物质的硬度值一般小于 HV200。而各油田普遍使用的抽油泵的泵筒、柱塞、阀球副的硬度一般在 HRC58（HV664）以上。不难看出，造成抽油泵磨损的主要固体颗粒是石英，但各种晶体矿物质均可能造成砂卡、砂埋。在油层中，石英以石英粉砂的形式存在，直径通常在 0.25mm 以下。一般将直径为 0.1~0.25mm 的石英粉砂称为粗粉砂；直径为 0.05~0.10mm 的石英粉砂称为细粉砂；直径为 0.05mm 以下的石英粉砂称为粘土。从勘探、开发所取资料来看，不同地区、不同油层的不同直径的石英砂的比例往往是不同的。

公认的抽油泵的磨损、砂卡机理是：由于柱塞端部一般有一个小的锥度或减径部位，在柱塞上部与泵筒之间形成一个楔形，砂粒存在于其间（图 8-8）。当柱塞上行时，由于摩擦力的作用，楔间砂粒有进入柱塞、泵筒间隙的要求。若砂粒直径小于配合间隙，则细小砂粒可实现其"要求"，若砂粒直径大于配合间隙，则这些砂粒要么因所受压力超过柱塞或泵筒的表面接触强度而嵌入金属基体内，要么克服摩擦力随柱塞一同运动。近几年，各制造及研究部门设计、制造了多种形式的防砂抽油泵，主要有：长柱塞防砂抽油泵、长柱塞防砂防埋抽油泵、动筒式防砂管式抽油泵、动筒式防砂杆式抽油泵、等径泵、串联长柱塞防砂抽油泵等。

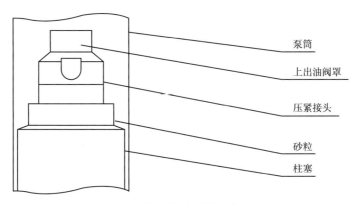

图 8-8　常规抽油泵的砂卡机理

（1）长柱塞防砂抽油泵。

在出砂油井生产中，常规泵经常出现砂卡柱塞、砂埋抽油杆及砂磨泵筒等现象，使抽油泵过早失效。针对上述问题而设计的长柱塞式防砂泵是用于出砂油井提液的一种新型抽油泵，该泵具有长柱塞短泵筒与环空沉砂相结合的独特结构，可防止油井正常生产或停抽时砂卡、砂埋柱塞及砂磨泵筒、柱塞，有效地解决了出砂油井用常规泵无法正常生产的难题，延长了油井免修期，降低了生产成本。

（2）等径刮砂柱塞抽油泵。

采用等径刮砂柱塞结构，在不增加成本的前提下，提高了抽油泵的性能和使用可靠性，能有效防止砂卡柱塞现象的发生，大大减缓柱塞与泵筒间的磨损，延长出砂油井高泵效生产周期。该型泵于 1999 年 4 月获国家实用新型专利。

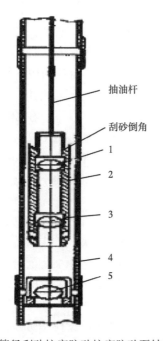

图 8-9 等径刮砂柱塞防砂柱塞防砂泵结构示意图

1—上游动阀；2—柱塞；3—下游动阀；

4—泵筒；5—固定阀

图 8-9 为其结构示意图。采用独创的等径刮砂柱塞结构，从根本上消除了砂卡、砂磨柱塞泵筒的问题，并利用柱塞与液流之间的相对运动，使泵具备了自冲洗特性。这种改进设计的抽油泵工作原理与常规抽油泵相同，却具有 3 方面的独特优势：防砂卡及防砂磨特性；自冲洗特性；价格低效率高。

等径刮砂柱塞防砂泵自 1999 年 5 月投入胜利、华北、辽河等油田推广应用，共有 $\phi44 \sim \phi95$mm 各种规格及冲程的等径刮砂柱塞防砂泵 300 余台，主要用于各类中低含砂油井、长期停产井及新油井，以及与各种井下防砂措施配套应用。现场应用证明，在中、低含砂油井中，应用等径刮砂柱塞防砂泵能彻底解决砂卡柱塞的问题，并有效延长油井的高泵效生产时间，应用情况见表 8-23。

表 8-23 等径刮砂柱塞防砂泵应用情况统计

井号	泵径 (mm)	冲程 (m)	冲次 (min⁻¹)	产液量 (m³/d)	含水率 (%)	泵效 (%)	含砂量 (%)	使用时长 (d)
宁 2-145	56	2.1	4	25	57	84	2.23	500
辛 25-斜 18	44	3	6	26	90	63	—	406
埕 31-91	56	2.1	9	61	88	90	1.03	460
C13-304	56	3	4	20	55	55	5.03	506
C13-211	56	2.7	4	11.5	56	56	7.03	496

（3）防砂防堵管式抽油泵。

中原油田分公司采油二厂依据旧泵检修情况，研制并开发了防砂防堵管式抽油泵。解决了老井出砂，落物和新井中的替浆、压裂介质残留物等而造成抽油泵因卡、固定阀被堵（或堵死）等问题。经现场使用，作业后试抽、停机后重新开机成功率达 100%。

7）螺杆泵

现在应用螺杆泵是因为螺杆泵有优于其他抽油系统的某些显著的优点，特别与有杆泵抽油系统比较。

（1）流体吸入是连续的，就是说泵吸入口压力没有变化。对于挥发性流体，连续吸入意味着较高的泵效。

（2）这种泵耐所抽流体中的固体。大多数重油井生产一定量的砂，虽然螺杆与普通有杆泵比较，更适宜抽含砂的流体。有许多螺杆泵成功地抽汲含砂量为 50%流体的实例。

（3）系统的任何部件没有消极的作用。有杆泵系统在下冲程存在问题，当抽高粘流体时，抽汲速度可能受到下冲程抽油杆下落速度的限制。

（4）因为螺杆泵轴向载荷较小，这种井与有杆泵井相比，杆与油管的磨损较小，因此，能够在弯曲井眼中抽油。

（5）动力需求是连续的而不是周期性的，这意味着与有杆泵井周期性动力需求比较，电机容量能够更充分地被利用。

（6）与有杆泵系统比较，单位产液量所需的系统初始费用较少。

（7）螺杆泵的体积排量通常比有杆泵系统高。

（8）当发动机或电动机停转时，在某些情况下，螺杆泵允许砂沉积在泵上部的外面，与有杆泵比较，螺杆泵有更多的机会恢复工作（在不起泵的情况下）。

8）井筒清蜡

樊学油区的地层砂粒径有 55% 以上小于 0.071mm，有 70% 以上小于 0.1mm。从理论上来讲，应用防砂泵就能很好地处理细粉砂，而不至于产生砂堵、卡泵等，但经过实践还是会发生类似事故。主要原因就是井筒结蜡，砂蜡并产（在驱替实验中已经有证明）。所以，不仅要防砂，还要清防蜡，才能完全、彻底地解决出砂的危害。

在开采过程中压力和温度下降，原油中的蜡不断析出，在油井井筒和地面输油管线内沉积而造成堵塞，影响油井的正常生产。油田一般采用井下磁防蜡器、刮蜡片机械清蜡及热原油、热柴油、热水清洗井筒等清防蜡措施，但效果均不是很理想。目前最常用且比较受欢迎的还是化学清蜡法。化学清蜡方法很多，有无机放热型，即利用某些化学药剂（如铝加氢氧化钠）进行化学反应产生热量，清除油井中蜡的沉积物。这种方法成本高，效果差，一般很少使用。另一种清蜡法是有机溶剂法，该法是使用对蜡具有强烈溶解性能的溶剂，如 CS_2 来清除积蜡，这种清蜡方法的缺点是有些溶蜡剂易燃、易爆、有毒。近年来，溶剂型清蜡剂有了较大的发展，除了油溶性清蜡剂外，又发展了水溶性清蜡剂和乳液型清蜡剂。此外，还发展了固体型清蜡剂，而且表面活性剂在清蜡剂中的应用也越来越广泛，但它们的主要缺点是成本过高。

这里我们推荐把清防蜡剂加入热水中，进行化学热洗。这样既可以把热洗周期从 7~20d 提高到 70d 以上，而且能大大缓解压井停产、地层伤害、工作量大、车辆紧张等问题。更能防止粉细砂被蜡胶结，堵塞井筒。

本工艺中最关键的就是清防蜡剂的选择。清防蜡剂既要与地层生产温度相适应，又要与含水情况相协调，还要防止地层损害。所有这些都要进行试验对比，才能筛选出合适的产品。另外，产地的远近也是要考虑的一个因素。

参 考 文 献

白卫卫. 2007. 鄂尔多斯盆地南部侏罗系延安组沉积体系研究 [D]. 西安：西北大学.

曹红霞，李文厚，陈全红，等. 2008. 鄂尔多斯盆地南部晚三叠世沉降与沉积中心研究 [J]. 大地构造与成矿学，2（2）：159-164.

陈全红，李文厚，高永祥，等. 2007. 鄂尔多斯盆地上三叠统延长组深湖沉积与油气聚集意义 [C]. 中国科学 D 辑，37（增刊）：39-48.

陈元千，王小林，姚尚林，等. 2009. 加密井提高注水开发油田采收率的评价方法 [J]. 新疆石油地质，30（06）：705-709.

陈元千. 2000. 油田可采储量计算方法 [J]. 新疆石油地质，2000（02）：130-137+171.

邸领军，张东阳，王宏科. 2003. 鄂尔多斯盆地喜山期构造运动与油气成藏 [J]. 石油学报，24（2）：34-37.

豆支冬，李顺英，张梅菊，等. 2013. 谢尔卡乔夫公式在胡 7 南断块的研究与应用 [J]. 内蒙古石油化工，39（13）：129-130.

段毅，吴保祥，郑朝阳，等. 2005. 鄂尔多斯盆地西峰油田油气成藏动力学特征 [J]. 石油学报，26（4）：29-33.

耳闯，赵靖舟，姚泾利，等. 2016. 鄂尔多斯盆地延长组长 7 油层组页岩-致密砂岩储层孔缝特征 [J]. 石油与天然气地质，37（3）：341-353.

付金华，罗安湘，喻建，等. 2004. 西峰油田成藏地质特征及勘探方向 [J]. 石油学报，25（2）：25-29.

高小燕. 2014. 鄂尔多斯盆地北部樊学油区长 6 储层综合评价研究 [D]. 西安：西安石油大学.

葛云锦，任来义，贺永红，等. 2018. 鄂尔多斯盆地富县—甘泉地区三叠系延长组 7 油层组致密油富集主控因素 [J]. 石油与天然气地质，39（6）：1191-1200.

郭彦如，刘俊榜，杨华，等. 2012. 鄂尔多斯盆地延长组低渗透致密岩性油藏成藏机理 [J]. 石油勘探与开发，39（4）：417-425.

郭艳琴，李文厚，胡友洲，等. 2006. 陇东地区上三叠统延长组早中期物源分析与沉积体系 [J]. 煤田地质与勘探，34（1）：1-4.

郭艳琴，李文厚，郭彬程，等. 2019. 鄂尔多斯盆地沉积体系与古地理演化 [J]. 古地理学报，21（02）：293-320.

郭玉清. 2003. 蟠龙油田长 2 油层组沉积相特征及其对砂岩物性的影响 [J]. 内蒙古煤炭经济，2003（5）：39-42.

郭正权，张立荣，楚美娟，等. 2008. 鄂尔多斯盆地南部前侏罗纪古地貌对延安组下部油藏的控制作用 [J]. 古地理学报，10（1）：63-71.

郭正权，潘令红，刘显阳，等. 2001. 鄂尔多斯盆地侏罗系古地貌油田形成条件与分布规律 [J]. 中国石油勘探，2001（04）：20-27.

郭忠铭，张军，于忠平，等. 1994. 鄂尔多斯地块油区构造演化特征 [J]. 石油勘探与开发，21（2）：8-11.

胡朝元. 1982. 生油区控制油气田分布—中国东部陆相盆地进行区域勘探的有效理论 [J]. 石油学报，3（2）：9-13.

胡见义，徐树宝，童晓光. 1986. 渤海湾盆地复式油气聚集区（带）的形成和分布 [J]. 石油勘探与开发，13（1）：1-8.

黄第藩，王则民，石国世. 1997. 陕甘宁地区印支期古地貌特征及石油地质意义 [A]. 见：中国陆相大油田 [M]. 北京：石油工业出版社，239-247.

黄第藩，李晋超，张大江. 1984. 干酪根的类型及其分类参数的有效性、局限性和相关性 [J]. 沉积学报，（0）：18-33.

黄振凯，刘全有，黎茂稳，等．2018．鄂尔多斯盆地长 7 段泥页岩层系排烃效率及其含油性 [J]．石油与天然气地质，39（3）：513-600.

贾承造，赵文智，邹才能，等．2004．岩性地层油气藏勘探研究的两项核心技术 [J]．石油勘探与开发，31（3）：3-9.

李道品，罗迪强．1994．低渗透油田的合理井网和注采原则——低渗透油田开发系列论文之二 [J]．断块油气田，（5）：12-20.

李德生．1982．中国含油气盆地的构造类型 [J]．石油学报，（03）：1-12.

李恕军，柳良仁，熊维亮．2002．安塞油田特低渗透油藏有效驱替压力系统研究及注水开发调整技术 [J]．石油勘探与开发，29（5）：62-65.

李文厚，庞军刚，曹红霞，等．2009．鄂尔多斯盆地晚三叠世延长期沉积体系及岩相古地理演化 [J]．西北大学学报（自然科学版），39（3）：501-506.

李文厚．2016．鄂尔多斯盆地陕北野外实习基地地质剖面简介 [M]．西安：西北大学.

李彦平．2003．注水开发油藏合理压力水平研究 [J]．新疆石油学院学报，（03）：52-56.

李元昊，刘池洋，王秀娟，等．2009．鄂尔多斯盆地西北部延长组下部幕式成藏分析 [J]．石油学报，30（1）：61-67.

李元昊．2008．鄂尔多斯盆地西部中区延长组下部石油成藏机理及主控因素 [D]．西安：西北大学博士学位论文，20-34.

李振宏，董树文，冯胜斌，等．2015．鄂尔多斯盆地中—晚侏罗世构造事件的沉积响应 [J]．地球学报，36（1）：22-30.

林利飞．2013．子北油田涧峪岔区长 6 油层组油藏描述 [D]．西安石油大学.

林森虎，袁选俊，杨智．2017．陆相页岩与泥岩特征对比及其意义—以鄂尔多斯盆地延长组 7 段为例 [J]．石油与天然气地质，38（3）：517-523.

刘池洋，赵红格，桂小军，等．2006．鄂尔多斯盆地演化-改造的时空坐标及其成藏（矿）响应 [J]．地质学报，80（5）：617-638.

刘池洋，赵红格，王锋，等．2005．鄂尔多斯盆地西缘（部）中生代构造属性 [J]．地质学报，79（6）：737-747.

刘和甫，汪泽成，熊保贤，等．2000．中国中西部中、新生代前陆盆地与挤压造山带耦合分析 [J]．地学前缘，7（3）：55-72.

刘化清，袁剑英，李相博，等．2007．鄂尔多斯盆地延长期湖盆演化及其成因分析 [J]．岩性油气藏，19（1）：52-54.

刘群，袁选俊，林森虎，等．2018．湖相泥岩、页岩的沉积环境和特征对比—以鄂尔多斯盆地延长组 7 段为例 [J]．石油与天然气地质，39（3）：531-540.

刘爽．2011．经济可采储量计算方法研究及应用 [D]．东北石油大学.

梅志超，彭荣华，杨华，等．1988．陕北上三叠统延长组含油砂体的沉积环境 [J]．石油与天然气地质，9（3）：261-267.

苗大军，张渊，李国院，等．2002．注水开发油藏注采平衡系统研究 [J]．钻采工艺，2002（03）：48-51+5.

庞军刚，李文厚，陈全红．2010．陕北地区延长组标志层特征及形成机制 [J]．地层学杂志，34（2）：173-178.

庞雄奇，李丕龙，张善文，等．2007．陆相断陷盆地相—势耦合控藏作用及其基本模式 [J]．石油与天然气地质，28（5）：641-652.

屈红军，李文厚，梅志超，等．2003．论层序地层学与含油气系统在油气勘探中的联系—以鄂尔多斯中生代盆地为例 [J]．地质论评，49（5）：495-499.

屈红军，蒲仁海，陈硕，等．2019．相—势耦合控制鄂尔多斯盆地中生界石油聚集 [J]．石油与天然气地质，40（04）：752-762+874.

屈红军，杨县超，曹金舟，等．2011. 鄂尔多斯盆地延长组深层油气聚集规律［J］. 石油学报，32（2）：243-248.

任纪舜．2000. 中国油气勘探和开发战略见中国石油论坛［A］. 21 世纪中国石油天然气资源战略研讨会论文［C］. 北京：石油工业出版社．

宋凯，吕剑文，凌升阶，等．2003. 鄂尔多斯盆地定边—吴旗地区前侏罗纪古地貌与油藏，古地理学报，5（4）：497-507.

宋凯，吕剑文，杜金良，等．2002. 鄂尔多斯盆地中部上三叠统延长组物源方向分析与三角洲沉积体系［J］. 古地理学报，4（3）：59-66.

隋先富，吴晓东，安永生，等．2009. 低渗透油藏水平井井网形式优选［J］. 石油钻采工艺，31（06）：100-103.

宋国初，李克勤，凌升阶，等．1997. 陕甘宁盆地大油田形成与分布［C］. 中国陆相大油田．北京：石油工业出版社．

孙国凡，谢秋元，刘景平，等．1986. 鄂尔多斯盆地的演化历史与含油气性［J］. 石油与天然气地，7（4）：356-366.

孙国凡．1981. 鄂尔多斯盆地印支运动及其在形成三益系、侏罗系油藏中的作用．石油地质文集［C］. 北京：地质出版社．

孙肇才．1980. 鄂尔多斯盆地北部地质构造格局及前中生界的油气远景［J］. 石油学报，1（3）：7-17.

汤锡元，郭忠铭，王定一．1988. 鄂尔多斯盆地西部逆冲推覆构造带特征及其演化与油气勘探［J］. 石油与天然气地质，9（1）：1-10.

田建锋，刘池洋，梁晓伟．2011. 鄂尔多斯盆地姬塬地区长 2 油层组石油富集规律及其差异性［J］. 现代地质，25（05）：902-908.

田在艺，张庆春．1996. 中国含油气沉积盆地论［M］. 北京：石油工业出版社．

童晓光，牛嘉玉．1989. 区域盖层在油气聚集中的作用［J］. 石油勘探与开发，16（4）：1-7.

万天丰，朱鸿．2002. 中国大陆及邻区中生代—新生代大地构造与环境变迁［J］. 现代地质，16（2）：107-120.

王昌勇，王成玉，梁晓伟，等．2011. 鄂尔多斯盆地姬塬地区上三叠统延长组长 8 油层组成岩相［J］. 石油学报，32（04）：596-604.

王峰，王多云，高明书，等．2005. 陕甘宁盆地姬塬地区三叠系延长组三角洲前缘的微相组合及特征，沉积学报，23（2）：218-224.

王建民，张三．2018. 鄂尔多斯盆地伊陕斜坡上的低幅度构造特征及成因探讨［J］. 地学前缘，25（2）：246-253.

王建强．2010. 鄂尔多斯盆地南部中新生代演化—改造及盆山耦合关系［D］. 西北大学．

王璟．2005. 鄂尔多斯盆地姬塬地区延长组储层地质学分析［D］. 西安：西北大学硕士学位论文．

王琪，禚喜准，陈国俊．2005. 鄂尔多斯盆地盐池—姬塬地区三叠系长 4+5 砂岩成岩化化特征与优质储层分布，23（3）：397-405.

王燕，李辉，杨晗旭，等．2017. 低渗透油藏合理地层压力保持程度研究［A］. 西安石油大学、西南石油大学、陕西省石油学会．2017 油气田勘探与开发国际会议（IFEDC 2017）论文集［C］. 西安石油大学、西南石油大学、陕西省石油学会：西安华线网络信息服务有限公司，11.

王永诗．2007. 油气成藏"相-势"耦合作用探讨-以渤海湾盆地济阳坳陷为例［J］. 石油实验地质，29（5）：472-476.

魏安妮．2017. 定边油田东关区延长组长 1 油层分布规律［D］. 西安石油大学．

吴少波．2007. 鄂尔多斯盆地东部延长油区上三叠统延长组高分辨率层序地层与储层研究［D］. 西安：西北大学博士论文.

吴欣松, 张一伟, 方朝亮. 2001. 油气田勘探 [M]. 北京: 石油工业出版社, 8-10.

武富礼, 李文厚, 李玉宏, 等. 2004. 鄂尔多斯盆地上三叠统延长组三角洲沉积及演化 [J]. 古地理学报, 6 (3): 307-315.

席胜利, 刘新社. 2005. 鄂尔多斯盆地中生界石油二次运移通道研究 [J]. 西北大学学报 (自然科学版), 35 (5): 628-632.

肖柯相. 2011. 鄂尔多斯盆地姬塬地区长 8 油藏特征及成藏主控因素研究 [D]. 成都: 成都理工大学硕士论文.

谢晶, 罗沛, 秦正山, 等. 2019. 水驱油藏合理地层压力确定方法综述 [J]. 内江科技, 40 (04): 48-50.

许荣奎, 田树全, 李宝泉, 等. 2005. 油田注采压力系统研究及应用 [J]. 石油天然气学报 (江汉石油学院学报), 2005 (03): 383-385.

杨华, 张文正. 2005. 论鄂尔多斯盆地长 7 段优质油源岩在低渗透油气成藏富集中的主导作用: 地质地球化学特征 [J]. 地球化学, 34 (2): 147-154.

杨华, 付金华, 喻建. 2003. 陕北地区大型三角洲油藏富集规律及勘探技术应用 [J]. 石油学报, 24 (3): 6-11.

杨俊杰. 2002. 鄂尔多斯盆地构造演化与油气分布规律 [M]. 北京: 石油工业出版社.

杨晓萍, 赵文智, 邹才能, 等. 2007. 低渗储层成因机理及优质储层形成于分布 [J]. 石油学报, 28 (4): 57-61.

杨延东, 魏红梅, 李柏林. 2010. 低渗透低品位油藏合理井距优化研究 [J]. 石油天然气学报, 32 (03): 353-356.

姚宗惠, 张明山, 曾令邦, 等. 2003. 鄂尔多斯盆地北部断裂分析 [J]. 石油勘探与开发, 30 (2): 20-23.

叶连俊. 1983. 华北地台沉积建造 [M]. 北京: 科学出版社.

叶庆伟. 2012. 延长油田永宁采油厂刘家河区延 8 油藏开发方案 [D]. 西安石油大学.

袁林, 赵继勇, 张钊, 等. 2002. 靖安油田特低渗透油藏矿场注气试验研究 [J]. 石油勘探与开发, 29 (5): 85-88.

张抗. 1989. 鄂尔多斯断块构造和资源 [M]. 陕西: 科学技术出版社.

张斌. 2014. 定边油田东仁沟区长 2 储集层特征研究 [D]. 西安石油大学.

张福礼. 2002. 鄂尔多斯原型盆地与大中型油气田勘探方向 [A]. 油气盆地研究新进展 (第一辑) [C]. 北京: 石油工业出版社.

张功成. 2012. 源热共控论 [J]. 石油学报, 33 (5): 723-738.

张宏友. 2017. 利用注采平衡法确定水驱油藏合理地层压力 [J]. 石油地质与工程, 31 (06): 121-124.

张文正, 杨华, 李剑锋, 等. 2006. 论鄂尔多斯盆地长 7 段优质油源岩在低渗透成藏富集中主导作用—强生排烃特征及机理分析 [J]. 石油勘探与开发, 33 (3): 289-293.

赵红格, 刘池洋, 王峰, 等. 2006. 鄂尔多斯盆地西缘构造分区及其特征 [J]. 石油与天然气地质, 27 (2): 173-179.

赵红格. 2003. 鄂尔多斯盆地西部构造特征及演化 [D]. 西北大学.

赵靖舟, 王永东, 孟祥振, 等. 2007. 鄂尔多斯盆地陕北斜坡东部三叠系长 2 油藏分布规律 [J]. 石油勘探与开发, 34 (1): 23-27.

赵靖舟, 白玉彬, 曹青, 等. 2012. 鄂尔多斯盆地准连续型低渗透—致密砂岩大油田成藏模式 [J]. 石油与天然气地质, 33 (6): 811-827.

赵俊兴, 陈洪德. 2006. 鄂尔多斯盆地侏罗纪早中期甘陕古河的演化变迁, 石油与天然气地质, 27 (2): 152-158.

赵俊兴，陈洪德，杨华．2005．鄂尔多斯中南部中下侏罗统储层成因类型与油气聚集关系，成都理工大学学报（自然科学版），2（3），246-251.

赵文智，胡素云，汪泽成，等．2003．鄂尔多斯盆地基底断裂在上三叠统延长组石油聚集中的控制作用［J］．石油勘探与开发，30（5）：1-5.

赵文智，邹才能，汪泽成，等．2004．富油气凹陷"满凹含油"论—内涵与意义［J］．石油勘探与开发，31（2）：5-13.

赵振宇，郭彦如，王艳，等．2012．鄂尔多斯盆地构造演化及古地理特征研究进展［J］．特种油气藏，19（05）：15-20.

赵重远．1990．鄂尔多斯盆地的演化历史、形成机制和含油气有利地区［A］．见赵重远等著：华北克拉通沉积盆地形成与演化及其油气赋存［C］．西安：西北大学出版社．

周兴熙．1997．源—盖共控论述要［J］．石油勘探与开发，24（6）：4-7.

朱国华．1985．陕北浊沸石次生孔隙砂体的形成与油气关系［J］．石油学报，6（1）：1-8.

邹才能，陶士振，薛叔浩．2005."相控论"的内涵及其勘探意义［J］．石油勘探与开发，32（6）：7-12.

邹才能，陶士振，周慧，等．2008．成岩相的形成、分类与定量评价方法［J］．石油勘探与开发，35（5）：526-540.

Chen M J, Ning N, Guoyi H, et al. 2007. Characteristics of hydrocarbon sources and controlling factors of their formation in Pingliang Formation, West Ordos Basin［J］. Chinese Science Bulletin, 52（1）：103-112.

Demaison G. 1984. The Generative basin concept［A］// Demaison G, Murris R J. AAPG Memoir 35：Petroleum Geochemistry and basin evaluation. US：AAPG, 1-14.

Ding S, Long Y, Fanggen X, et al. 2015. Characteristics and Influence Factors of Low Porosity and Permeability Reservoir in Ordos Basin——Taking Chang 8, Z block for example［J］. Journal of Guangdong University of Petrochemical Technology.

England W A, Mackenzie A S, Mann D M, et al. 1987. The movement and entrapment of petroleum fluids in the subsurface［J］. Journal of the Geological Society, 1（114）：327-347.

Gao S L&J X Yang. 2019. Palaeostructure, evolution and tight oil distribution of the Ordos Basin, China. Oil and Gas Science and Technology, 74（35）.

Qu H J, Bo Y, Shengli G, et al. 2020. Co-control of facies and fluid potential on hydrocarbon accumulations in large-scale lacustrine petroliferous basins of compressional settings：A case study of the Ordos Mesozoic basin. Marine and Petroleum Geology, V122, Article number：104668.

Qu H J, Bo Y, Shengli G, et al. 2020. "Controls on hydrocarbon accumulation by facies and fluid potential in large-scale lacustrine petroliferous basins in compressional settings：A case study of the Mesozoic Ordos Basin, China." Marine and Petroleum Geology 122.

Hubbert M K. 1953. Entrapment of petroleum under hydrodynamic conditions［J］. AAPG Bulletin, 37（8）：1954-2026.

Jia C Z. 2012. Characteristics of Chinese Petroleum Geology［M］. Hangzhou：Zhejiang University Press, 235-269.

Liu L F, Suping Z, Lixin C, et al. 2005. Distribution of major hydrocarbon source rocks in the major oil-gas-bearing basins in China［J］. Chinese Journal of Geochemistry, 24（2）：116-128.

Liu X S, Shengli X, Daojun H, et al. 2008. Dynamic conditions of Mesozoic petroleum secondary migration, Ordos Basin. Petroleum Exploration and Development, 35（2）：143-147.

Luo X R, Jian Y, Liuping Z, et al. 2007. Numerical modeling of secondary migration and its applications to Chang-6 Member of Yanchang Formation（Upper Triassic）, Longdong area, Ordos Basin, China［J］. Science in China Series D：Earth Sciences, 50（S2）：91-102.

Yang H, Suotang F, Xinshan W. 2004. Geology and exploration of oil and gas in the Ordos Basin [J]. Applied Geophysics. 1 (2): 103-109.

Yang H&Xiuqin D. 2013. Deposition of Yanchang Formation deep-water sandstone under the control of tectonic events, Ordos Basin. Petroleum Exploration and Development. 40 (5): 513-520.

Yao J L, Xiuqin D, Yande D, et al. 2013. Characteristics of tight oil in Triassic Yanchang Formation, Ordos Basin [J]. Petroleum Exploration and Developmen, 40 (2): 161-169.

Yong Z, Liming X, Youliang J, et al. 2017. Characteristics and distributing controlling factors of relatively high permeability reservoir: A case study from Chang 8_2 sandstones of Yanchang formation in Longdong area, Ordos basin [J]. Journal of China University of Mining & Technology, 46 (1): 106-120.

Zhang C, Shen J, Fan Z. 2007. Pore structure study of low porosity and permeability reservoirs in MHM oilfield of Ordos Basin with fractal theory [J]. Oil & Gas Geology, 28 (1): 110-115.

Zhang W Z, Hua Y, Shanpeng L. 2008. Hydrocarbon accumulation significance of Chang 91 high-quality lacustrine source rocks of Yanchang Formation, Ordos Basin. Petroleum Exploration and Development, 35 (5), 557-562.

Zheng J M, Jun Y, Dongbo H. 2008. Comparison between control factors of high quality continental reservoirs in Bohai Bay basin and Ordos basin [J]. Frontiers of Earth Science in China, 2 (1): 83-95.